设计质

NATURE OF DESIGN

《设计质》编辑部　主编

U0351202

华中科技大学出版社
http://www.hustp.com

刊首语

中国近现代的设计发展之路，是漫长的，也是艰辛的，可谓前赴后继，不断探索。从中国萌发出现代设计观念开始到现在，中国设计经历了一个从被动到主动、从盲目到清晰的发展阶段。从晚清政府救亡图存的设计觉醒，到民国时期积极对外学习的努力探索；从计划经济体制下的设计停滞，再到改革开放后市场化的设计爆发，中国设计已然从被动模仿转变为主动创造。

在经历了百年的发展之后，现在中国的设计又面临着新的要求。经济发展的增速逐步放缓，设计的过度化需求趋于理性，人们对设计个性化的要求不断增加，这些都要求中国的设计工作者们做出调整，去应对不断出现的社会问题。而这也就让设计的本质逐渐凸显出来：设计真正的含义并不仅仅是装饰和美观，更重要的是如何让人类的生活更加方便、合理。所以，设计本身是人类对于自身的关怀，而这又取决于一个国家和民族的价值观念和审美观念。我国正在经历着一场从过度设计到回归理性的变革，也正在经历着从国内发展到国际竞争的本质性变化。这一切都是建立在国人价值观念的转型和社会意识形态的变化之上，而且想要在国际竞争中取得优势，就需要我们在审美观念和对当前人类自身的文化思考上显示出先进性。

因此，当代的中国设计已经不是简单的设计形态的美化，更重要的是对国民乃至世界的发展脉络和真实诉求有所把握。这对设计工作者提出了更高的要求——仅在设计内部进行构成化的改变并不能解决当下的所有问题，而是要在设计外部进行更深入的审视。大批在一线的设计师，已经不断走出传统的思维，吸收多元文化的营养，从商业的裹挟中逐渐找到自己的情愫。这也是中国设计正在转型的一个显著表现。

由此可见，中国设计的发展和转型，需要多元化的思维发出各种不同的声音。《设计质》，表达的是探求设计的本质，彰显设计的质感，能够让不同的声音表达自己的质疑，成为一本以设计为中心的专业期刊。无论是探索中国文化内部的精髓，还是引入国外设计的不同思维，抑或是传播不同文化的阐释方法，各种观点的立论与反驳，这些都需要不断展现出来。让中国的设计沐浴在多元文化中，不断孕育出更加完备的思维和方法，找出适合当前国民现状的时代设计理念，找寻并融合一种价值观念和人文情怀，让设计成为内外兼备的文化载体，迎接新设计时代的来临。

清华大学美术学院 李砚祖

CONTENTS /目录

空间

SPACE

槃达建筑——都市树语：印度维杰亚瓦达花园住宅
槃达团队

项目名称：维杰亚瓦达
项目类型：综合使用高层（零售、住宅）
项目地点：维杰亚瓦达 / 印度
项目时间：2015 年 – 持续中
项目面积：36,000 m²
项目团队：Chris Precht、孙大勇、白雪、权赫、李朋冲、李根、孙明雪
著作权：槃达建筑
业主：Pooja Crafted Homes

Project name: Vijayawada Garden Estate
Project type: Mix-Use High-rise (retail, residential)
Project location: Vijayawada / India
Project year: 2015 – ongoing
Project size: 36,000m²
Project team: Chris Precht, Dayong Sun, Xue Bai, He Quan, Pengchong Li, Frank Li, Snow Sun
Credits: PENDA architecture & design   www.home-of-penda.com
Client: Pooja Crafted Homes   www.poojaventures.com

槃达是一支充满激情的国际创意团队，由 Chris Precht 和孙大勇共同创立于 2013 年，总部位于北京和维也纳。从东西方不同的文化视角出发，槃达努力寻找着当代建筑与传统文化的衔接点。无穷的想象力和不息的激情让每一次的创作之旅都充满让人遐想的未知和可能。对自然的热爱，让槃达的建筑中充满着生命力。无论是有机的自然生命，还是天马行空的艺术表现，槃达希望在作品中能捕捉到人们内心深处的感动，创造让人平静的空间，实现更好的生活品质。槃达希望能够通过建筑，架起一座连接人与自然的桥梁，让生命回归自然，让自然走进生活。在这个快速发展的时代，让建筑坚守那份永恒。槃达人热爱所从事的工作，他们相信在建筑中拥有无限的可能。

槃达的跨学科专业团队从事各种类型的项目，包括总体规划、高层建筑设计、美术馆设计、住宅设计、室内设计以及产品设计和平面设计。尤其在文化类建筑如美术馆、画廊、艺术家工作室、艺术会所、私人住宅等方面，槃达积累了丰富的设计实践经验。同时源于对生态环境的关注，槃达还坚持探索着以满足未来人与自然共生为目标的绿色建筑实验研究。通过众多的国际竞赛，槃达的作品得到了国内外众多设计奖项肯定。2013 年获得德国 Tile Award 奖，2014 年槃达作品鸿坤美术馆获得金外滩奖，2015 年槃达的三个作品入围 Archdaily 的"年度最佳设计"奖，并凭借"雪宅"项目获得美国 Architizers A+ 住宅建筑奖。槃达也多次被杂志、报纸、书籍和网络媒体报道，包括 FRAME、INTERIOR DESIGN、Archdaily、Design Boom、UED、Gooood、DESIGN WIRE 等，在业内受到广泛关注。槃达的作品曾在多家知名画廊和美术馆进行展出，包括威尼斯建筑双年展、萨尔斯堡艺术家之家、北京 798 和法国里昂中国建筑展等。

对于设计师而言，身处这样一个技术、材料和制造工艺飞速发展的时代，学习和分享是极为重要的。国际化的工作氛围使槃达的每一位成员可以了解到不同的文化，并发挥各自独特的技能。为了让团队成员能够分享每个人的专长，槃达会在闲暇时间组织内部设计研讨会，内容涉及软件、汇报、实体建模、可持续性研究等。还包括建筑以外的如摄影、电影、书籍、语言、艺术或历史等其他领域。这种交流、学习、传授和分享的过程为团队建立了日益庞大的知识库，让每个人都能在槃达的工作和生活中得到进步和提升，这也是槃达企业文化的基础。

A house and a garden typology with a great view of a highrise.

The building is placed in a natural garden, which connects to the verticality of the tower to stretch a green ribbon over the building.

建筑外立面

孙大勇

生日：1984.09.29
国籍：中国

2012 年与合伙人 Chris Precht 共同创立了 Penda 设计工作室。自从 2005 年大学毕业后，一直工作于 Graft 北京办公室，参与了 Graft 众多重点项目，曾被美国 Interior design 杂志评为全球优秀青年设计师。2008 年，被公司派驻 Graft 柏林办公室，参与迪拜豪华酒店建筑设计。2010 年考取中央美术学院建筑学院研究生。2012 年以"仿生营造艺术研究初探"为毕业论文和设计获得中央美术学院建筑学院 2012 届优秀研究生毕业设计一等奖，并参加了"千里之行"优秀毕业生作品展和北京高校大学生优秀毕业作品展。同时受邀赴意大利参加德国 AIT 杂志举办的国际青年设计师创作交流活动。毕业后就职于清华大学建筑设计研究院，之后就职于汉米顿北京建筑设计公司，任高级建筑师。2012 年底至今，与合伙人 Chris Precht 开始进行 Penda 创作实践。

工作经历：

2012 年工作于汉米顿（北京）建筑设计咨询有限公司，任高级建筑师

2012 年工作于清华大学建筑设计研究院，任建筑师

2008 年工作于 Graft（柏林）建筑事务所，任建筑师

2005-2010 年工作于 Graft（北京）建筑设计咨询有限公司，任建筑师、室内设计师

模块化格构系统图之一

Chris Precht 克里斯·普

生日：1983.10.01
国籍：奥地利

2010 年独立创建了 Prechteck 设计品牌，2012 年与合伙人孙大勇共同创立了槃达建筑事务所。克里斯·普赢得过建筑和设计领域众多国际设计奖项，包括 Isover 摩天楼竞赛第一名，曼哈顿高层概念设计竞赛第一名和 Tile Award 2013 年竞赛第一名。克里斯·普的设计作品被多家国际著名的建筑及设计杂志关注，包括 Frame、Mark、 Dezeen 和 Archdaily，并被杂志推举为 2013 最值得关注的建筑师之一。克里斯·普毕业于奥地利因斯布鲁克，在校期间作为 Patrik Schumacher（扎哈事务所合伙人）的实验建筑教学助理。2013 年获得维也纳科技大学建筑硕士学位。其作品曾参加了 2010 年威尼斯建筑双年展，2011 年萨尔茨堡的"建筑情感"国际交流作品展和因斯布鲁克"Best of 2009"优秀学生作品展。

工作经历：
2008-2010 年工作于 Graft（北京）建筑事务所，任主创建筑设计师
2007 年工作于 NOX Lars Spuybroek（鹿特丹）建筑事务所，任设计师

模块化格构系统图之二

印度 Pooja Crafted Homes 集团主要开发城市高层住宅项目,集团将为住户寻求"创新设计空间"和"绿色生活体验"做为开发产品的主要目标。本次集团亲赴北京委托国际新锐事务所槃达担当维杰亚瓦达花园住宅项目主创建筑师。

今天的城市经历过一次无节制而盲目的商业开发浪潮后,如何唤醒个体在城市中的独立特征和空间灵活弹性成为建筑师的反思。因此,槃达思考如何在本案中运用现代建筑技术的同时,能够为个体创造出更具独立个性的城市高层居住空间。

槃达首先将一栋建筑中的必要元素——结构、墙体、外立面、天花、地面、基础设施、阳台和景观等要素从传统的整体思维中分解出来,然后从一个模块化的格构系统中获得灵感。在新的格构系统中只有网格结构和基础设施是固定的部分,而其他的要素都可以通过工厂预制进行模块化加工。这些模块可以为客户提供一份目录,业主可从产品目录中选取这些模块。模块范围包括不同的地面单元、外立面单元、栏杆阳台以及供植物生长的丰富多样的花盆等。客户可以任意选择符合他们自己品位的元素进行搭配。槃达希望为业主提供的是一个工具,使业主能成为自己公寓的设计者。

自然绿植将依附外立面的格构进行生长,经过一段时日之后,自然绿植将成为主要的元素覆盖于建筑表面。所以设计师也不用担心过于凌乱的客户选择,自然绿植会有机地把它们整合起来。建筑立面充当了一个室内与室外的中间介质,净化空气的自然绿植为室内气候提供了更好的保护与调节。灰水回收系统收集屋顶的雨水和生活用水并进行二次利用来浇灌阳台的绿植。基于印度的炎热气候特征,开放的公共空间为建筑创造了自然的空气对流,从而降低空调的使用。

槃达希望创造的是一栋真正意义上的绿色建筑:它是一栋会呼吸的、充满主人个性特征的、被绿色包围的同时又拥有绝佳视野的都市中的家。

模块化的格构系统带给了客户成为自己公寓设计者的极大喜悦

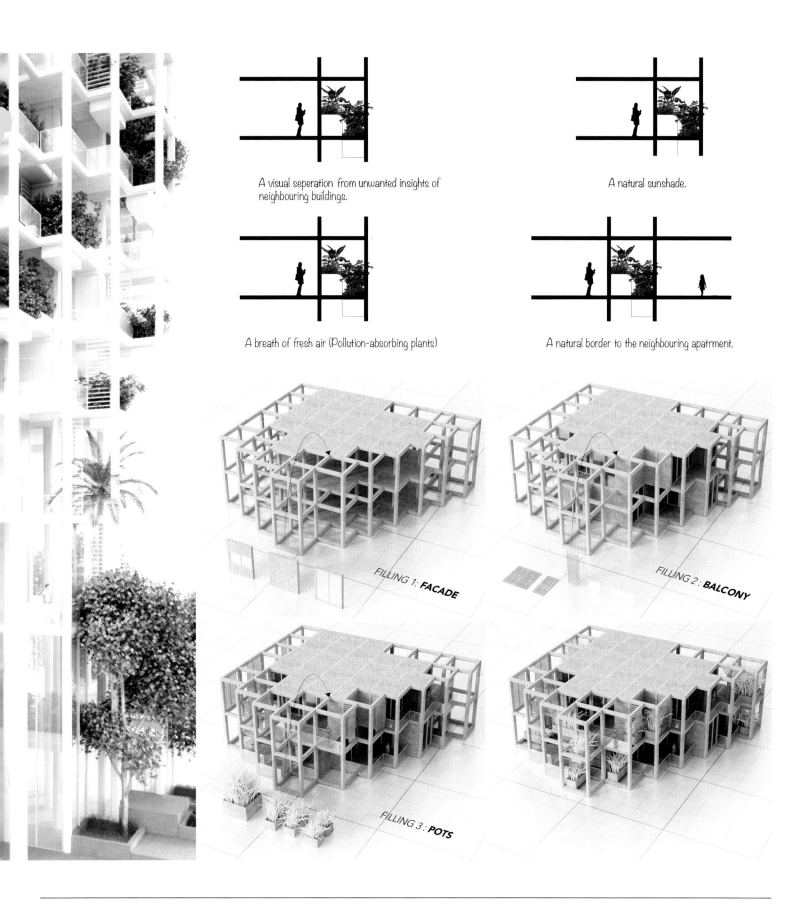

A visual seperation from unwanted insights of neighbouring buildings.

A natural sunshade.

A breath of fresh air (Pollution-absorbing plants)

A natural border to the neighbouring apatrment.

FILLING 1: **FACADE**

FILLING 2 : **BALCONY**

FILLING 3 : **POTS**

Hongkong Art Store

Location ： Hongkong /China
Type: Cultural
Year：2014
Size: 200 m²
Status ： Commissioned Design

本项目在香港的中心区定义出一个空间，用于存储和出售艺术品。考虑到项目功能涉及的是不常使用
的空间，因此，项目采用的材料为亚光反射铜的盒子造型。当向顾客展示画作时，盒子可完全打开并融入周
边空间；而当空间不使用的时候，盒子可完全折叠起来， 存储和保护艺术品。

盒子以铜制成，内设艺术品滑动抽屉、 沙发、酒吧、投影机和工作台。其它空间部分则为完全不做任
何处理的粗糙混凝土表面，使铜制物品成为空间中最引人注目的亮点，反射自然光，同时将整个空间渲染成
温馨的红色调。

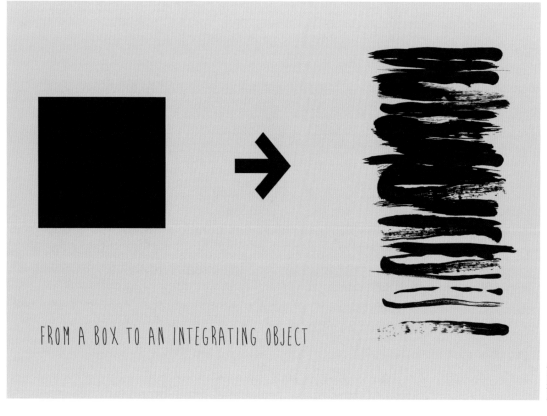

FROM A BOX TO AN INTEGRATING OBJECT

创意构思

盒子功能演示

室内空间效果

室内效果图

Mirrors 花开镜面咖啡厅

Bandesign Ban

建筑师：Bandesign
地点：岐阜 / 岐阜县 / 日本
责任建筑师：Hisanori Ban Terashima kazumoto
面积：99.07 m²
年份：2014
摄影：Shigetomo Mizuno
灯光设计：Atsuko Fujita / Koizumi Lighting technology
建设公司：Daisuke Oribe / Oribe

Designer: Bandesign
Location: Gifu City/ Gifu prefecture/ Japan
Site area: 433.01 m²
Area: 99.07 m²
Structure: Wood
Architect: Hisanori Ban Kazumoto Terashima / bandesign http://www.bandesign.jp/
Lighting design: Atsuko Fujita / Koizumi Lighting technology
Construction company: Daisuke Oribe / Oribe

建筑设计与其他设计不同，它的存在已有悠久的历史。这不是一时兴起就能做的工作，这是一个最需要诚意的工作。对我而言，我对设计的心从未改变过。就如同日出东方，夕阳西沉，这是千百万年都不会变的现象。只有忠诚于永恒的设计，才能在设计中体现出更长远的考虑。

这个被命名为"Mirrors"的咖啡厅，由日本 Bandesign 工作室设计，因地制宜，充分展现樱花之美，营造出天人合一、美轮美奂的效果。

咖啡厅外，在岸边沿路种植了一排樱花树，每年的赏樱季会有许多人来到这里。咖啡厅处在一个极佳的赏樱位置，鉴于这个地理优势，设计师巧妙利用了树的投影，让樱花树在建筑的墙面上反复反射，映射出更多的樱花倒影，所以我们看到两面墙之间存在一个 90° 的夹角，而不是在一个平面上。

两面镜子墙的中心位置种植了一棵山茶花树，在镜子的神奇反射作用下，一棵变成了三棵。咖啡厅的周围也种植了许多山茶花，山茶花的花期早于樱花，其花色是红色。因此，游客们能够在不同的季节里欣赏到不同的风景，更丰富了其观感。

咖啡厅内，坐在不同的位置欣赏窗外的美景，会有步移景异的效果。在品味咖啡时，人们不仅能欣赏到真实的樱花树，同时还可以从墙体的镜面上观赏到更远处的樱花。

咖啡厅内全木质的桌椅，树枝状的吊顶，特别是垂直屋顶的支柱让人仿佛置身于一棵大树之中。

夜色下，咖啡厅内澄黄的灯光给以人更加温暖的感觉，和窗外的美景融合在一起，可谓花开镜面咖啡香。

1 | 2   1. 案例正面全景   2. 利用白色鹅卵石营造的景观庭院

Mirrors Cafe 实景图

1. 室内拍摄街景实景图

2. 树枝结构应用在天花板设计中

3. 内部座位以原木及绿色背景相互配合

4. 窗边座位

5. 室内整体实景

1 | 2
| 3

1. Mirrors Cafe 景观庭院
2. 街景中的咖啡店
3. 咖啡店侧翼

A row of cherry trees is planted at an embankment at its basin, and many people visit this location during the cherry-blossom viewing season. There is Mirrors along the avenue.

Taking advantage of this location, we intentionally made repeated refractions of the tree. In order to amplify the cherry two mirror walls set up angle position and making a cherry forest on a corner of the town. Overlapping the cherries and reflecting with a warp, the people are invited by it to the forest. In addition, in the café the people could see the cherries and the reflecting cherries at the same time and feel season changing closely.

Especially vertical roof struts of motif of the tree blanch made them feeling of a rest under the tree.

Between two buildings, white gravel makes more reflecting brightly and symbolically expressing the centre of a tree. There are three trees in this site, and the trees are camellia. Camellia makes flowers before cherry blossom. First, camellia is out red flowers, second cherry is out pink flowers. We designed changing season of winter to spring by the colors.

Exterior wall is white steel that is galbanum plating. Entrance door is red. Interior wall is red and green. Every design and color implies being in the forest intentionally.

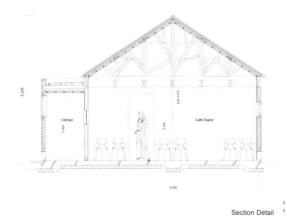

Section Detail

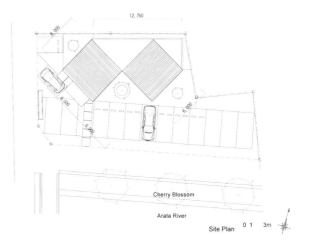

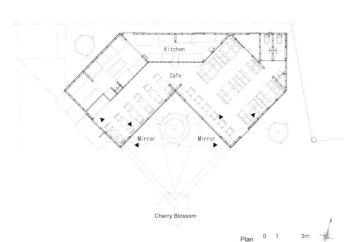

Plan   0 1   3m

Site Plan   0 1   3m

鎏金岁月：中海·紫御华府

刘卫军

主题名称 / 鎏金岁月
客户名称 / 长春海悦房地产开发有限公司
户型 / 16#801
设计面积 / 249 m²
竣工时间 / 2015 年 7 月
项目地点 / 中国 长春
主要材料 / 大理石 木材 墙布（纸）金属

设计公司 / PINKI DESIGN 美国 IARI 刘卫军设计师事务所
设计师 / 刘卫军 袁朝贵
陈设设计 / PINKI DECO 知本家陈设艺术机构
陈设师 / 李莎莉 张慧超
摄影师 / 文宗博

项目坐落于城市 CBD 核心区域，临河街东侧，东南湖大路北侧，紧邻伊通河，小区总占地面积 14 万平方米，总建筑面积达 50 万平方米，与周边小区相比较属于高端楼盘。

商业定位： 针对高级金领阶层，私营企业主等高收入人群而打造的一个高品质样板间产品，谨以代表主流城央豪宅新高度。

设计策略： 用现代时尚元素融合东方传统文化语言，营造具东方意境的现代都市生活之所。

主题解析： 在岁月之华，闻香识酒，感受如音乐般和谐的、热情的、梦幻的、卓越的生活。浓郁木色里的沉稳，简单金属线条里的舒适魅力，和着那浓情色彩的布艺。在这东西方文化碰撞中畅想的是如梦似幻的卿卿序曲，品味的是鎏金岁月里质感生活的华美细节和溢彩诗意。

设计说明： 以原空间基础布置进行细化整合，借以行云流水的空间动线合理分类整合，形成配合空间布局。空间色调以咖色为主色调，辅助以蓝灰色等调性的多色混搭，将多元的颜色重组阵列，并列于空间特质中。以简洁明快的手法对时尚品味重新诠释，营造一个极度气派的空间氛围。丝光绒布料、水晶饰品与金属的高贵精神气质相融合，达成静逸微妙的触感。采用国内高品质布艺、国内品牌家具、高级定制家具。以金属色和线条营造奢华感，简洁而不失时尚，配合精美的画作和制作精良的工艺品，从而达到雍容华贵的效果。

刘卫军，PINKI（品伊国际创意）品牌创始人、创意美学导师、创意演讲人、生活美学家、艺术导演、设计师、艺术策展人。PINKI 品伊国际创意美学院创始人，IARI 国际认证与注册华人设计师，中国建筑学会室内设计分会 CIID 全国理事及深专委常务副会长，美国 International Accreditation and Registration Institute（国际认证及注册协会）注册高级设计师，中国首批注册国家高级室内建筑师，全国设计行业首席专家首登《亚洲新闻人物》的中国设计师，2002 年中国人民大会堂推行发布陈设艺术配饰专业发展第一人，CIID 学会第一个亚洲室内设计论文奖获得者，CIID 学会第一批著书立作的设计师，2009 年中国时代新闻人物，被誉为"空间魔术师"、"中国最具商业价值创造设计师"。2013 年被授予中国室内装饰协会成立25 周年「中国室内设计教育贡献奖」。

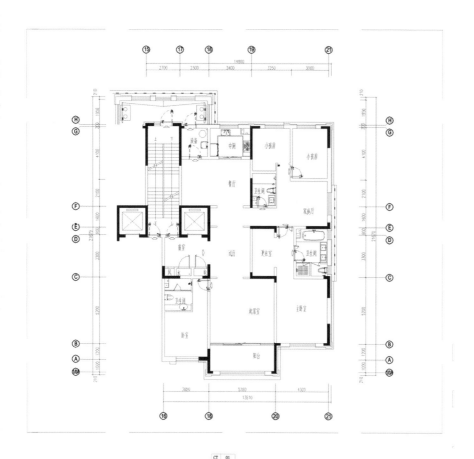

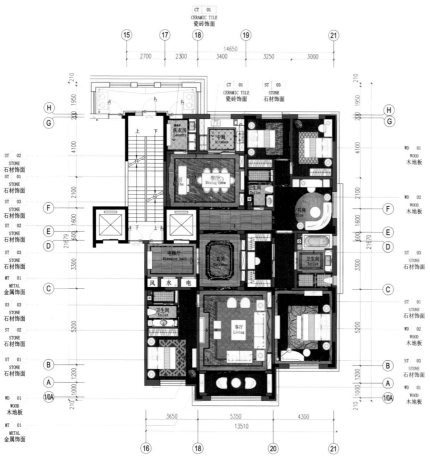

关于设计与设计公益

文字 / **钟文萍**   图片 / **康小衍**

编辑部：您认为一名设计师必备的素质有哪些？您如何理解设计师职业？

刘卫军：印度导演塔森说过："你出的价钱，不止买到我的导演能力，而是买到我喝过的每一口酒、品过的每一杯咖啡、吃过的每一餐美食、看过的每一本书、坐过的每一把椅子、谈过的每一次恋爱、眼里看到过的美丽女子和风景、去过的每一个地方……你买的是我全部生命的精华，并将其化成 30 秒的广告，怎么会不贵？"这样的一个例子，就可以传递出作为一名设计师所该具备的综合素养。我们往往说，设计来源于生活而高于生活，而设计又是一份精神游离的职业，游走在理性与感性的界限。设计是一门商业艺术，设计师需要具备除了专业技能以外的文化艺术修养，而艺术修养是抽象的，在不同时代不同地域有不同的要求。那么，我们一方面要将现代的情感注入创作中，创造新时代的审美观；另一方面又要赋予设计表面的装饰美感，致力于丰富作品的艺术内涵，真正使设计在满足人的物质生活的同时，也满足人的精神需求。从心中衍生的创意，也与创作者的心性有着密不可分的关系，他的创意一定表现了个人的修养，他的作品如其人，显现出创作者的人生素养和生活态度。

"职业辅导之父"帕森斯所提出的理论认为每个个体都有一些稳定的特质，包括能力倾向、兴趣、人格等，而不同的职业也都有一些特定的特性和要求，个人的特质与工作因素越匹配，人就越能够适应工作，并能增加个人的工作满意度、职业稳定性和成就感。所以，如果要从事设计职业，那么就要综合性地思考自己主观和客观各方面的因素，喜欢是基础，而懂得职业规划才能得到发展获得成就。

编辑部：在您设计生涯中遇到过设计瓶颈吗？您是如何调整应对的？

刘卫军：人常常有这样的现象，机械地在工作、理性地在生活，虽然时间绷得紧紧，却依然危机感重重，依然在牢笼挣扎着找不到让身心释然的通道。创作力枯竭了，生活烦闷了，所以，就变成一名"苦逼"的设计师。作为凡人，这样的境况必然会发生，不同的是，发生了，该如何去解决去面对？我们总想着作为一名设计师能够带给这个世界的是一个具有真知灼见、视野开阔的作品。因为，这是最好的成就。

纵观商界，但凡成就卓著的企业家到最后比拼的都是心灵的力量，他们的成功最终都是源于心灵上的成功。如果没有心灵上充实的意义感，就不会有企业的持久力，只有心灵上充实了，他们在做企业的过程中才能获得真实的快乐和无穷力量。富有创造力的人，无不有着丰富的生命体验，然后把这份点滴的体验汇聚到灵感的仓库。

文化艺术是满足人民群众多样化、多层次、多方面精神需求的重要基础。随着人民物质生活水平的不断提高，人们在精神文化方面的需求日趋旺盛。求知求乐求美的愿望，离不开文化的滋养和支撑。那么，能够给设计提供养分的关注点就在于文学、绘画、音乐、电影、建筑、文化等等，不断地储蓄养分，以生活为出发点，激活你的生命感、存在感、价值感，进行一场从"心"升华的自我革新。坚持不懈地保持学习力，击败过去的你，给自己"保鲜"，给自己"升级"，这样才能延续你的设计生命。

编辑部：面对不断变化的设计市场，您怎样保持设计的持续"创造力"？

刘卫军：歌手李健说："其实歌手什么都改变不了，唯一能做的就是自我改变，自我完善。你没有权利，也不可能等到一切都完善的时候再去创造。在环境越差的时候越坚持自我的人，才是真正有能力的人。歌手是一个生产者，而不是经营者、销售者，他得要求自己，不要生产音乐垃圾。从我个人来讲，原创歌手更应该遵从内心，应有商业考虑，但商业绝不是全部。音乐虽然是商品，但也有艺术的成分在里面。"

我常常思考行业、思考市场，常常自我总结，这样的习惯培养了我对设计市场的敏感度和敏锐性。作为设计公司就是要把许多的学科组织起来，寻找重新思考的问题、思考问题的方式和工具，这样才能学会如何重新设计，创造更合理更健康的生存方式。研究型的设计将是未来设计的立足之本，在社会、客户、公司不断发展的态势中，只有研究形设计可以旗帜鲜明地撑着你的旗杆。否则，设计只是个金钱和权力的附庸，不能推动社会的经济、科技、文化、教育和社会结构的整合和创新。

编辑部：您一直致力于公益事业，请问您如何看待当今国内的公益慈善事业？

刘卫军：公益是一种思想观念、道德行为和社会事业，是社会进步的产物，更是社会道德的建设。公益事业需要用辩证的态度去对待，公益不仅仅是富裕圈层或政府的事，人人都可以力所能及地乐善好施助人为乐。无论是官办公益还是民间公益，都需要全民公益意识的提升和法律法规的管理监督才能促使全民公益时代的到来。当今国内的公益将传统模式与新媒体平台进行结合，公益活动的组织和发起方式也发生了根本的变化。"免费午餐"、"微博打劫"、"铅笔换校舍"、"明星地震慈善捐款"

刘卫军团队合影

等一系列的"微公益"活动，都在以新的方式、新的声势影响着普罗大众，将个体的爱心汇集起来，积少成多形成强大的社会公益力量。在市场化浪潮下，公益项目也需跟上时代的步伐，开始走市场运营的道路，有了造血的功能才能更好地从事公益事业，才能吸引更多的人才参与公益工作。受市场化的影响，欧美国家公益组织的效率普遍得到提高，服务质量不断改善，社会公众满意度也提升，市场化是欧美公益行业繁荣的关键。因此，国内公益行业市场化也将是必然的发展趋势。随着科技的发展和新媒体时代的到来，蓬勃发展的微博、社交网站、具有社会责任的企业和公民，为公益理念和实践注入了新的活力。

编辑部：品伊国际创意美学院的建立初衷、现在的影响、今后的发展方向是什么？您期待合作的对象有哪些？

刘卫军：教育家陶行知先生主张："真教育是心心相印的活动，惟独从心里发出来，才能打到心灵的深处。"教育的最高境界是点化人生，润泽生命。教育的最本真任务是让受教育者学会做人，学会信任与尊重，学会理解与宽容。对人的尊重，对宇宙的敬畏，最基本的就是尊重生命的存在，知晓生命的不可重复性。泰戈尔说："教育的目的应当是向人传送生命的气息。"教育之"教"应该面对灵魂，而非单纯的知识堆积。教育之"育"应该从尊重生命开始，使人性向善，使人胸襟开阔，使人唤起美好的"善根"。品伊国际创意美学院的公益教育目标锁定于行业范畴内，以推动行业的发展为己任。为了推动行业的发展，我们立足于人才的培养，关注新生代设计师的素质素养，帮助他们进行职业规划，启发他们持续学习和懂得自我教育，勤练内功才能练就出优秀的作品，创作更多的美学空间而不是垃圾空间。同时帮助大学毕业生进行深度的自我探索、职业定位，提升职业决策能力与职业素质，从而能够科学地规划自己的学习、生活和未来的职业，最终达到人与职业的最优结合和个人的全面发展。

德国著名教育学家斯普朗格认为"教育最终目的不是传授已有的东西，而是把人的创造力量诱导出来，将生命感、价值感唤醒"。教育是信仰，我们真诚秉承这样的思想，踏踏实实地践行着以人为本的教育理念，坚持"中国设计师职业特训营"公益课程的发展和完善，培养出一批批具有职业操守和生命品格的新生代设计师。希望全国的艺术院校输送大学毕业生到品伊国际创意美学院参加短期的免学费的职业规划课程——"中国设计师职业特训营"；希望社会各用人单位踊跃报备需要聘用的人才信息；希望广大媒体广而告之品伊国际创意美学院的公益课程"中国设计师职业特训营"。我们相信，社会各界人士对于"善根"的关注，会帮助到品伊国际创意美学院的"中国设计师职业特训营"，能够让更多的大学毕业生受益，同时，中国的设计行业亦将得到正能量式的发展。

品牌

高文安 MY 系列
余平"瓦库"系列 *Brand*

高文安 MY 系列

DESIGN BRAND
GAO WENAN MY SERIES

文字　图片 /《设计质》编辑部

高文安，1943 年生，香港资深高级室内设计师、英国皇家建筑师学院院士、香港建筑师学院院士、澳洲皇家建筑师学院院士。在近 40 年的设计生涯内，他设计了超过 5000 个室内设计项目，被誉为"香港室内设计之父"。他于 24 岁从墨尔本大学建筑专业一级荣誉毕业，30 岁创办高文安设计有限公司，40 岁成为李嘉诚、成龙、梅艳芳等香港知名人士的座上宾，50 岁开始健身，53 岁出版自己的写真集，成为专业级健美男士，55 岁获称设计之父，65 岁再创自有品牌"MY"系列，旗下有 9 大生活品牌，70 岁获香港室内设计协会终身成就奖，（IFI）重大国际成就表彰。

1 | 2

1. MY 武汉天地店内装饰
2. MY 武汉天地店·My Floral 局部

MY 武汉天地店室内局部

　　高文安先生的"MY"系列落户武汉，为江城增添了一丝新意。这个起源于办公室的咖啡馆，融合了西方的咖啡和中国的面馆。整个环境似有一种华丽的低调，又有一种内敛的张扬。随意、自然的气氛时而随着旧物凝滞，时而又被热情搅动而流转，若有若无地飘洒出一丝咖啡的香气。任何一个角落，都有驻足的可能，这里不会让你产生任何超越此处的遐想，仅仅在此享受空间里的曼妙、舒适，已然足矣。

　　高文安对弘扬民俗文化有着一种内在的热忱，但是又不是仅仅停留在"考古"意义上的文化照搬。文化的遗传、融合与发展，都是传承的内容，这一点可以从他的设计中看出来。店中的陈设看起来就不是随意的，每一件陈设都似乎在向你诉说着种种往事，向你流露出它们的期盼。笔者在此的感觉是，完全没有刻意地体会其

中文化，而是一直被吸引着去追溯那背后的故事，我希望听到种种的传说，希望感受到每个陈设正在保持的安稳与宁静。每个陈设背后的故事就像一条小溪，诸多细水汇集到 MY 咖啡中来，让她成为一个汇集故事的池塘。其实，这一泓池水已经饱和地溶解了文化的内涵，甚至可以看得见，那种精髓在其中不断沉淀。

　　高文安说，希望不经意路过这里的人们，会被这里浓厚的文化、艺术气息所感染，进来品一杯咖啡，享受一段自由的时光。也许，感觉不到的文化，才是真正的文化。

　　从门前的佛头、老式三轮摩托车，到屋内奇形木桌、古朴藤椅与异国风情长脚凳等各个角落的艺术摆设，MY 系列的店内摆设经由高文安专业的国际买手团队在世界各地搜罗甄选，将好的设计与良好的生活理念传递给客人。MY 系列的设计在满足

MY 武汉天地店室内局部

色彩、线条与形状形成视觉张力的同时，更使整个室内空间在功能上褒有灵动与互通。例如，蛋形摆件源自印尼，四大天王雕像又来自中国，东方持国天王、南方增长天王、西方广目天王和北方多闻天王，这一佛教元素又包含了吉祥的寓意。这些饰品不拘一格，透露出的不仅是惬意，也有一份对美的热忱。值得一提的是，空间中采用了一款褶皱纸的艺术吊灯。这是由两位荷兰独立设计师 Margje Teeuwen 和 Erwin Zwiers 合作设计的一款吊灯。Margje Teeuwen 一直对褶皱纸的艺术美感深深着迷，而 Erwin

Zwiers 则喜欢不断地尝试新材料，于是当她们相遇时就产生了新的灵感源泉，因为 Erwin Zwiers 带来了一种制作灯具的理想材料——多功能无纺塑料制品。她们联合利用这种材料设计出这一系列充满了褶皱纸美感的吊灯。更令人高兴的是，由于生物降解无纺材料十分特殊的可塑性，灯具的使用者完全可以根据自己的喜好塑造出不同的形状，每个人都能成为灯具的"设计师"。

MY 系列集休闲、饮食、文化、商业等

多功能于一体，其中武汉天地店囊括了 My Noodle（面馆）、My Coffee（咖啡）、My Pasta（意大利餐）、My Martini（马蒂尼）、My Floral（花店）、My Gelato（霜冰淇淋）与 My Bakery（面包房）七大系列品牌，构建了一个布局合理、功能相通、极具设计感与辨识度的 MY 系列空间。

高文安，从一位设计人到一位自创企业管理人，这其中的变化和沉淀让我们可窥一二。作为一名设计人，高文安的想法很实在：做一

个"听话"的设计者，尽其所能地满足客户的需要，没有风格的偏好，没有执拗的想法。"设计是为客人服务的，房子是设计给客户住的，自己喜欢什么样并不重要。"或许这看似简单而无我，但实际上，了解客户的真实想法和需求并将之实现才是高文安设计理念的真实写照。高文安如是说："这个世界上很少有我自己的作品，除非像 MY 咖啡这样，甲方给予我百分百的自由，让我可以抛开所有因素来做属于我的设计，这样的作品才是我自己的作品。其他的作品都是甲方的，是我为他们服务的，

我不仅要满足他的需求，更要合理化他的需求，甚至挖掘一些他需要但是还没意识到的需求。这才是一名设计师的责任。"

"没有风格就是我的风格"，他的一句话见证了这位设计人的设计之路。

不拘于风格有一个好处，就是在设计过程中善于从实际的感受出发，对于功能布局和空间尺度及感官的合理性会有着极高的敏锐。如何将"家"做得让人踏实，如何将咖啡厅做得值得品味，如何将度假酒店做得让人全身心放

松，如何将一个设计做出它应该有的样子，设计是为人服务的，而不是高于人的艺术追求。这已不仅是一个设计者的执业理念，更是一种生活感悟。

而就像高文安丰富而多面的人生一样，假如仅仅是"从一而终"的执着于设计，并不一定能造就如今的"设计之父"。对生活和事业的多样化选择，给予他更加开阔的思维和视界。

由生活带来感悟，由感悟引导设计，再由设计感化生活。

高文安 MY 系列可以说是这个过程中的一个典型的产物。他的设计是他将几十年对设计和生活的感悟，不带束缚地展现于我们面前，让我们得以领略"没有风格的高文安风格"。

"成花成树非一日之功，精雕细琢乃恒心

所至。"作为高文安设计思想的沉淀，MY 系列或许很难用固有的形容词来表达，它只是在传达高文安心中的那种生活和那个世界。

随意、自然的气氛时而随着旧物凝滞，时而又被热情搅动而流转，若有若无地飘洒出咖啡的香气。

阳光照进 空气流通——"瓦库"

文字 /《设计质》编辑部   图片 / 韩方 小魏 余平

余平，西安电子科技大学工业设计系教授；中国建筑学会室内设计分会常务理事。
曾获亚洲最具影响力可持续发展特别奖，台湾金点设计奖，金堂奖 2012 年度设
计人物奖。

　　"瓦库"是著名设计师余平基于对中国古镇乡村的历史文化、建筑风格、风土人情长达数十载的钻研与探究，巧妙运用中国文化中的传统元素，力求为室内空间营造"阳光照进、空气流通"的自然氛围，寻求在品茶中回归朴质生活的匠心之作。余平老师对中国传统的设计元素有着特殊的情结，"瓦库"的设计理念便源于他的这种偏爱。"瓦库"发轫于西安，盛开于中原，迄今为止"瓦库"已在全国 19 处落地生花。

设计理念源于"室内生命空间论"

　　在设计瓦库之前，为了追求视觉上的惊艳，余平趋向选择时兴的建筑装饰材料，然而，这使得经常出现在施工现场的他渐渐出现了身体上的不适。新型建筑材料含有很多对人体有害的化学物质，不仅对建筑装修的施工人员有不可避免的负面作用，对使用者的不良影响也在日积月累中增加。基于自身深刻的体会，余平开始倾向于使用真正有益人体健康的建筑装饰材料。挚爱行走于古村落之间的他，在传统的村落民居中获得了灵感，于是在后来的瓦库作品中，有了源于自然的建筑材质——砖、瓦、石、土、木。现代建筑师们已很少采用这些材

工程名称：瓦库 16 号
设计单位：西安电子科技大学
主创设计师：余平
参与设计师：马喆
面积：480m2
主要材料：旧瓦、旧木、陶砖
地点：武汉市
竣工时间：2013 年 8 月 1 日

瓦库 16 号位于武汉市大武汉 1911 商业街，建筑面积 480 平方米，平层。空间设计延续了"打开窗户，让阳光照进，空气流通"的核心设计理念，尽可能让阳光空气到达室内的每一个角落，空间功能的组织借自然之力，还室内通透与舒适。"田"字形高脚屋是空间的视觉亮点，底部的水景不仅仅是景，它的功能性是为内部空间增强气流循环。包间之间 30 厘米宽的"窄巷"形成气流通道，同时增添空间的趣味性。

旧瓦、旧木、陶砖，虽被置于室内空间，但因为良好的自然通风与采光，给它们创造了"野生"的机会，它们仍然可以在与阳光空气的交合中，日积月累留下时间的"踪迹"，室内空间在材料继续慢慢变老的过程中，酿出陈香。

料，然而这却是健康适宜、有益于施工者和使用者的选择。

建筑室内的装修材料与它给人带来的舒适度密切相关。瓦库的设计追求的是让室内空间通畅，充分接触自然的空气和阳光，从而让身得以舒展，心得以愉悦。瓦库以砖和瓦作为主体装修材料，与石材和水泥不同，砖墙瓦砾具有更好的通透性，利于外界的空气和阳光丰盈于室内空间，这正是余平的设计初衷。

砖与瓦从人类的农耕时代里走出，承载着他们追逐阳光、承接雨露的记忆。在繁华的现代都市里，烧制砖瓦的土窑不复存在，砖瓦房亦渐渐消失。余平在瓦库的设计上，在砖瓦严丝合缝、俯仰相承之间，还隐隐渗透着民族血液里那一脉难言的历史厚重与岁月温情。

除了建筑材料的选择，人在建筑物里的畅通感受与室内空间布局也有很大关系。现代都市建筑以钢筋混凝土作为人类极佳的庇护伞，然而在很多由水泥墙和玻璃窗单调围建的

公共场合里，室内空气极易浑浊，外界的自然气息难以进入循环，以致于不得不借用一些换气设施。

在这一点上，全国各地的瓦库设计理念都是相通的，根据每个店不同的特点进行布局和调整，无论细节上如何变化，都以构造充满生命气息、让人愿意驻足思索的室内空间格局为目的，保证室内空间的清新通畅，这也是建筑最原始、最简单的追求。

余平设计瓦库的理念充分体现在他"室内生命空间论"的运用上，即赋予室内空间以生命感，给室内空间里的每个个体营造贴近自然的契机，让"阳光照进，空气流通"、阳光、空气和水是这个室内空间不可或缺的元素。

走进瓦库，阳光照在一片片瓦砾上，身后的风也跟着吹进来，心情瞬间在茶香四溢和柔乐轻奏的氛围中轻松起来。建筑室内给人带来的舒适度与它的装修材料密切相关，瓦库主要以砖和瓦为主体装修材料，砖给人质朴田园

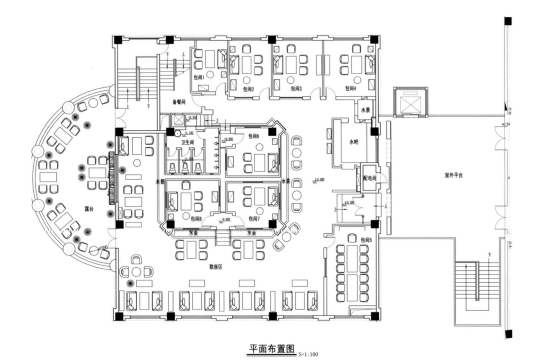

平面布置图 S=1:100

的感觉，而瓦的陈设不仅仅是对茶艺馆的装饰，更赋予整个室内空间以岁月的延展和体感的舒适。空气是每一个人基本的生存需求，让外界的空气和阳光丰盈在室内的每个角落是余平的初衷，与石材和水泥不同，瓦砾具有更好的通透性。室内吊扇的设计配合打开的门窗使室内空气能够更有效地"吐故纳新"，亦使这个静谧的室内空间更富生命感。

瓦库设计理念的第二个基本点即是光线，尽可能延伸自然柔光照射到室内的范围，赋予空间以清新敞亮。水亦是瓦库不可或缺的一个元素，由于城市室内空间的局限性，大多数室内空间难以与水接近。武汉瓦库将室内的品茶房建于人工水池之上，大面积的水池使得整个室内空间巧妙地与水相融合。这样的设计除却景观的效用，更意在为室内注入更加通畅的气流。水池里自由游曳的鱼群让整个茶艺馆更显灵动活泼。

人的自然属性决定了其向往阳光、空气与水的本能。阳光、空气与水在室内空间里自然地融为一体，即是余平的"室内生命空间论"。走进瓦库，即走入了余平尊重自然、以生活为本的"室内生命空间"。

瓦库 16 号 经营之道

坐落于武汉市的瓦库 16 号是瓦库在中国第 14 家分店，亦是瓦库在武汉的第一家店。自 2013 年开业之日至今，武汉瓦库历经了 20 多个月的磨练与创新，经营者朱明亮女士凭借她的睿智和对事业的执着将武汉瓦库经营得有条不紊、别具特色。在她和员工们的共同努力下，瓦库 16 号已经有了丰富的茶膳菜品和浓厚的文化韵味，各地品茶者纷至沓来。

瓦库 16 号是朱明亮用心奋斗的事业，更代表了她对生活精神的一种理解和追求。朱明亮认为每个个体都应有独立的空间，用以修行与放空，她本人也很喜欢这种生活——独立、自主、不拘。也许是这样的个性，造就了她不断努力、追求生活纯净品质、追求精神超然洒脱的人生态度，武汉瓦库很好地契合了她的生活理念。

朱明亮说刚开始决定做武汉瓦库的时候，她的朋友们都抱着不解的态度。在他们看来，凭借朱明亮自身的实力，她本可以投资其他领域以轻松地获取可观的回报。然而，朱明亮凭借着对瓦库品牌的热爱、对事业目标的付出、对生活态度的坚定，在建立、经营、发展瓦库

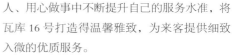
瓦库 16 号局部

瓦库 16 号局部

人、用心做事中不断提升自己的服务水准，将瓦库 16 号打造得温馨雅致，为来客提供细致入微的优质服务。

在茶艺方面，朱明亮亦觉得要注重亲民。她认为喝茶不似作秀表演，若想舒心品茶，应先去熟悉茶的习性，着力提高茶叶的质量与品茶的氛围，给顾客营造一种归家自如的感觉。再者，她十分重视对瓦库会员群体的经营和维护。例如在周末的时候，随会员同来的品茶者能享受免费品茶的服务，经过员工的建议，也只是象征性地调整为收取一元茶物费。这样在周末没事儿的时候，老顾客们自然愿意呼朋唤友前来饮茶闲聊，长此以往，便形成了较为庞大和固定的客户群体。

武汉瓦库悠然怡人的室内陈设、独具匠心的茶品菜肴、亲民有效的运营模式已然成为其它瓦库的学习榜样，也受到了设计师余平的赞赏，并称其是将他的瓦库设计理念应用得最符合初衷的作品。

时代的瞬息变化使现代人的生活节奏不断加快，摩天都市里充斥的速消美食与及时娱乐，让人还来不及细细品味，就被时光推着匆匆走入下一段的人生旅程。快速消费文化里心灵的空虚与茫然愈演愈烈，我相信人们会越来越需要一种慢文化，需要一种柔和的氛围，让自己在繁忙的工作与生活中舒缓下来，三杯两盏香茶，呼旧友对坐，捧一卷闲书，燃一缕幽香，让身体回归自然的怀抱之中，让心灵重拾质朴的生活之味。而瓦库——一个能够让人放慢脚步休憩身心的地方，就是这样一个特别的存在。

16 号的道路上越走越稳，用行动做出了最有力的答复。

瓦库 16 号的独特之处源于其独到的经营理念——"真诚待人，用心做事"，这无疑是武汉瓦库最突出的软实力，贯穿其中的是瓦库的亲民性。首先，武汉瓦库的环境、氛围是亲民的。朱明亮从不吝啬对武汉瓦库的投入，不论是装修所用材料，还是室内陈设的各种桌椅、茶具、摆件，都经过了层层比较与筛选，以达到实用性与美观性的最佳融合。从摆放考究的茶具和被照顾得枝繁叶茂的绿植，到陈设在窗边已有两年却纤尘不染一如崭新的白沙发，武汉瓦库的环境打造可见一斑。

在为人待客上，瓦库 16 号同样让人感到亲近如家。从朱明亮女士自身来说，不管是改善瓦库环境还是创新菜色品种，事无巨细，她都亲力亲为。另外，她还不断选拨优质人才，很多员工都是从开业跟随至今，他们在真诚待

剖析

隈研吾——东方的建筑诗人
Kayanoya酱油店
巴黎"上下"旗舰店 | *ANALYSIS*

THE EASTERN CONSTRUCTION POET

隈研吾———
东方的建筑诗人

文字 / **武汉理工大学 喻仲文 教授** 图片 / **Sadao Hotta**

一位中国学者曾经说："建筑是首哲理诗。"倘若如此，日本著名建筑师隈研吾可谓是 21 世纪东方的建筑诗人，其所设计的建筑，能巧妙利用自然环境和自然材料，创造出静谧、迷幻而又与环境相交流的诗意空间。他对传统文化精神和现代建筑技术及材料的运用得心应手，将传统性与现代性，自然性和人工性有机结合，形成了 21 世纪极为独特的东方建筑美学。研读隈研吾的建筑作品及建筑理论，笔者深切地感受到隈研吾深厚的日本传统文化修养及西方现代建筑理论功底，也正是得益于他对这两种不同文化的研习及这两种文化的碰撞，隈研吾的设计才得心应手，灵感无穷。

隈研吾最著名的理论是"负建筑"，他的许多设计正是该理论的实践。所谓"负建筑"，其实质就是要颠覆建筑的宏大叙事，让建筑回归自身，隐退于自然，匍匐于大地，而不是成为纪念碑，成为耸立于天地之间让人膜拜的构造物。建筑不可能隐退于自然，它只能是与自然融为一体，同自然而消长。这就是隈研吾更愿意利用自然材料或者透明材料营造"消极"、朴素的建筑的原因。其实这种思想与其说是源于对西方现代建筑的批判，毋宁说是对日本传统文化智慧或者东方文化智慧的

Kayanoya 酱油店室内收纳前后对比图

继承。隈研吾曾经在四川美术学院演讲时说："比材料更重要的是这一建筑是根据当地的地形而修建的，而 20 世纪的建筑普遍是拿推土车先将建筑基地所有的地基铲平，但我在'公社'的这个建筑没有这样去做，它完全是根据当地地形的本来面貌来进行的设计。"（隙间隈研吾的东方美学思想——2013 隈研吾重庆学术报告纪要《生态经济·绿色设计与研究》，2014 年 2 月）在《负建筑》一书中，他也批判这种铲平一切，再破土动工的建筑方法。这种方法正是现代建筑经常采用的手段，它在强化、凸出单体建筑的过程中，也对环境和自然构成了威胁。但是，如果我们熟悉中国传统建筑文化，隈研吾的论断与中国文化的智慧竟如此近似。明代造园理论家计成在《园冶》中提出非常著名的'因借论'，云："'因者'，随基势之高下，体形之端正，

碍木删桠，泉流石注，互相借资，宜亭斯亭，宜榭斯榭，不妨偏径，顿置婉转，斯谓'精而合宜'者也。'借'者，园虽别内外，得景则无拘远近，晴峦耸秀，绀宇凌空，极目所至，俗则屏之，嘉则收之，不分町疃，尽为烟景，斯所谓'巧而得体'者也。"在中国及日本的传统文化中，建筑与自然从来不是对立的，而是因地制宜，互相借资的。中国古代建筑重视自然材料及废弃材料的创造性利用，是基于对自然的敬畏观念以及对神灵的崇敬心态，正因如此，中国古代建筑包括园林都自然而然地弥漫着独特的诗情画意。正如海德格尔所言："诗化之尺规究为何物？神性，也即是神。"一旦我们秉承神性的态度对待自然，对待建筑，诗意便油然而生。可以肯定隈研吾受到海德格尔存在主义思想的影响，而它的根源却是日本传统思

Kayanoya 起源于 Kuhara 酱油，一个距今有 120 多年历史的酱油制造商。位于日本桥的 Kayanoya 店铺再现了酱油原产地九州的传统仓库情景。巨大的用于发酵的木质酱油桶被吊到天花板顶部。名为 "Koji Buta" 的木托盘被用作置物架，Koji 是一种用来发酵食物、米酒和味噌的麦芽大米，也是制作酱油的原材料。这些木托盘功能性强，且设计精巧。所有的木桶和木架，其用材都是九州的雪松木，由当地的匠人精心打造。整个设计为顾客提供了一个颇有特色的环境，在这里不仅可以了解到各种酱油的制作工序，还能体味日本酱油制作工艺的丰富内涵。

想的影响，甚至更进一步说，其根源来自于中国的道家文化精神。隈研吾所谓的"负建筑"，从根本上说，就是中国道家尚无崇淡，柔弱胜刚强的精神。当然，他用东方的智慧呼应了当代世界建筑业的繁荣和萧条，是在繁华落幕后的建筑哲学的反思。

在笔者看来，隈研吾的建筑有三个著名的特征。一是"光"的运用，一是"间隙"的理论，一是对"水"的偏爱。

建筑中对光的运用有极其悠远的历史，或者说它是西方宗教建筑的传统。在古希腊早期的神庙建筑中，建筑师便精于利用空间的分割以及空间中自然光的使用来营造神性的世界。从古罗马的神殿到哥特式，直至柯布西耶后期的朗香教堂，光的运用延续着一个古老的传统，只不过它同神学的联系更紧密。现代时期的许多建筑师如格罗皮乌斯、米斯等的建筑也擅长利用自然光，只不过他们对光的利用常限于功能性的目的，而非用于诗意之营造。因为米斯等人信奉的现代主义建筑从根本上说是反传统、反历史的，或者说是反诗意的，因此他们对幽暗、迷离的光线并无兴趣。从气质上说，美国设计师赖特是一个现代时期的异端，他的"有机建筑"理论以及对光和自然材料的喜好使他的思想更接近东方智慧。其实，在西方的文化传统中，自然材料以及卑微的建筑形态也一直倍受尊重，只不过现代主义建筑更倾向于纯粹的、摩登的建筑形态。从这个角度说，隈研吾的思想和气质与赖特极为相似，或者说深受赖特影响。

当然，隈研吾对光的运用，除了诗意空间的营造之外，更多的还是与他的"负建筑"理论有关，或者说与其建筑的"无化"有关，这不能不说是对赖特的超越，是他的隙间理论建筑"无化"思想的产物。他喜欢利用自然材料形成的格栅、缝隙、百叶窗等对光予以遮蔽或过滤，既营造了虚无缥缈的"光"的意境，又达到建筑内外空间、建筑与自然的交流沟通，同时建筑的独立性和压迫感也在这些间隙中削弱了。中国长城脚下他的竹屋便是这种典范。隈研吾自称他的灵感常常来源于日常生活中那些微不足道的建筑。我们坚信他吸纳了东西方文化中的民间艺术精神。民间的艺术包括建筑常以简单的材料，朴素利落的造型营造出大巧若拙般的诗意。小桥流水、竹木篱笆、茅草覆盖的屋顶以及墙壁上素朴的窗棂或自然的孔洞，这是东西方民间建筑的常见景观。就像郑板桥所说的，"十笏茅斋，一方天井，修竹数竿，石笋数尺，其地无多，其费亦无多也，而风中雨中有声，日中月中有影，诗中酒中有情，闲中闷中有伴"。隈

国内设计师评论

隈研吾酱油店的设计其概念性超过设计性。酱油店室内顶部的木桶体量过大，导致整个空间感不均衡，给步入店面的客户一种压抑的感觉。同时与底部的货架缺少联系，如果材料上选择现代材料，使用膜结构与绘画的方式，效果可能会更好。

针对隈研吾的设计作品，感觉有些"过犹不及"。隈研吾的设计旨在最大程度地回归建筑自然的属性。而"精心构造、精心设计"的自然建筑，却在实际落地时让人感觉有些生硬，并没有将"自然属性"很好地呈现。

Kayanoya 酱油店全图

研吾建筑中的光及间隙的源泉，毫无疑问源自古老的建筑传统。在古希腊的神庙，在哥特式建筑，在欧州林中的小屋中，我们也不难看到这种素朴而又丰盈的建筑精神。当然，这种思想的诞生，也同现代主义建筑美学的日暮途穷有关，也可谓是隈研吾对现代建筑予以批判的产物。

在隈研吾的建筑设计中，水亦是屡屡被其用作设计的元素。我们都知道，在中国古代的建筑中，水是一个不可或缺的元素。从哲学的角度说，水是智慧的象征，水性柔而无坚不摧，谦卑而海纳百川；从民俗上说，水是财富的象征，从风水上说，水是生气、生命之源。而从美学的角度说，水同建筑一道，共同营造虚实相生的建筑意境。日本的建筑、园林也常用枯山水来象征道、禅的境界。隈研吾既然认同谦卑的建筑，必然偏爱"理水"。只不过，

巴黎"上下"旗舰店

设计单位：隈研吾建筑都市设计事务所
设计师：隈研吾
项目地点：法国巴黎
项目面积：89.27 平方米
摄影：西川正夫

由隈研吾建筑设计事务所设计的巴黎"上下"旗舰店位于法国巴黎历史悠久的第六区。店外的墙壁贴了一层薄薄的陶瓷板，质地光滑细腻，微微映射着周围的光线，以建立一个明亮透光的云状空间。天花板则贴了大约 10000 片陶瓷片（约 40mm x 150mm），有的从天花板悬垂下来，覆盖了整个商店的上方空间。整个设计犹如一朵发光的云彩，充满了法式的浪漫和想象。

水在他的设计中还承担着独特的功能，即消解
建筑的实体感和沉重感。中国传统建筑常用水
来冲淡建筑的体量感，强化建筑群落的生机，
但中国建筑常以自然形态的水如河流、池塘等，
不露痕迹地成为建筑环境的一部分。赖特也有
理水的典范，他让水流从建筑中流过，形成瀑流，
具有东方"理水"的神韵。隈研吾则走得更远，
他利用人造水景观，让建筑"漂浮"在水面，
通过水的透明和轻盈虚化建筑，让建筑隐退，
达到"负建筑"的目标。这种创意是现代性的，
他通过技术超越了东方古老的理水观念，将水
的灵动、水的禅意和虚无引入室内，引向整个
建筑的内外空间，不能不说隈研吾将"理水"
推向了新的境界。

12 | 3
   | 4

1. 巴黎"上下"旗舰店室内局部之一
2. 巴黎"上下"旗舰店街拍
3. 巴黎"上下"旗舰店室内局部之二
4. 巴黎"上下"旗舰店室内局部之三

我们不知道隈研吾对玻璃的偏爱是否是因为它同水有相似的透明性，还是因为水具有玻璃般的透明性而受到他的青睐。玻璃最早常被哥特式建筑用来营造光的境界，在芝加哥学派，格罗皮乌斯等现代主义建筑大师那里，玻璃是经典的建筑材料，它甚至因大面积使用而造成光污染导致名声不佳。但因为有建筑思想的支撑，除了营造光影之外，玻璃还被隈研吾用于建筑的"无化"，他巧妙地利用水和玻璃将建筑与环境融为一体，达到建筑与环境的有机统一。隈研吾是熟谙传统精神和现代建筑艺术的大师，他总能化腐朽为神奇，让简单、普通的材料达到令人意想不到的效果。

隈研吾是当代杰出的建筑师，但在盛誉之后，我们不能不看到，隈研吾的成就，源自他对传统文化精髓的领悟及对现代建筑的深刻批判。正是基于此，他才能将东西方建筑的传统融为一炉，利用光、隙间以及自然、简单的元素，创造出具有诗情画意般的建筑空间，成为东方的建筑诗人。

面孔

克里斯汀·韦斯特法尔
左颂玟
弗朗西斯·穆拉诺   *FACE*

Christian Westphal
克里斯汀·韦斯特法尔

文字 图片 / **Christian Westphal**

创意总监 / 首席设计师 / 顾问

一个在奢侈品、品牌、时尚、设计多个领域活跃的多面手。

一个经验丰富、具有创造力的思想家，在时尚产业的设计、市场机制和营销方法等领域游刃有余，并极为看重其中的设计管理策略。

在巴黎和哥本哈根工作的 20 年里主要负责尖端设计和服装展览管理。

既能理性分析又能感性创造，热衷于从现有的品牌精神中挖掘新的内涵。

一个多才多艺的人物，能完全驾驭一个品牌（无论一线还是二线）的理念与策略，也能与创意团队合作去定义一个品牌。

多年的工作经验让他在该领域建立了一定的人脉关系，这对于他的客户来说非常重要。

最近接到的委托包括奢侈品和国际成衣展览、为概念初始阶段提出创造性的策略、与现有团队合作做设计以挖掘独特的品牌个性。

在面料、剪裁、装饰、生产和展览方面有丰富的知识和经验。

可以为客户量身定制。

Christian Westphal

对于我来说，经典的剪裁永远是第一位的，追随时尚方能为服装带来非比寻常的奢华。

一个古老的意大利哑剧形式——男装舞剧，给了我很多灵感。

哑剧人物的个性、情绪、风格及其优雅的姿态，创造出强烈的情感。

2009 年我回归高级时装领域，这让我在巴黎的工作充满了激情。

我希望重拾我所热爱的手工艺，即使它在时尚的潮流中迷失了。

女人喜欢有力度但又不失纤巧的面料和剪裁。

丹麦设计采用的是一种源于 20 世纪中叶的实用主义风格，其中很多元素已经变得颇具标志性，得以沿用至今。

作为一个设计师，我经常与摄影师、平面设计师、艺术家和建筑师进行合作。

作为一个设计师，我每天都要和概念、造型、材质打交道。

克里斯汀·韦斯特法尔是丹麦皇家美术学院建筑学院设计和保护专业、科林设计学校和奥尔胡斯建筑学院的客座讲师。

External Examinator at The Royal Danish Academy of Fine Arts, School of Architecture, Design and Conservation, Design School Kolding and Aarhus School of Architecture.

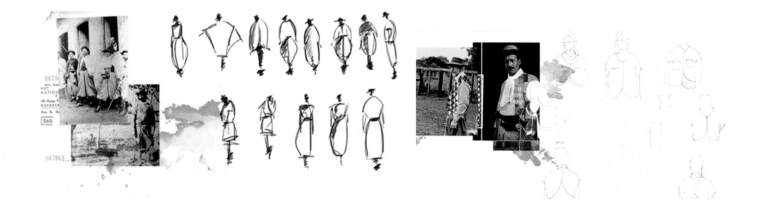

Experienced creative thinker combining a strong conceptual edge with a true understanding of importance of methodical design management inside the fashion industry's design paradigm, market mechanisms, and merchandising methods.

20 years of career working in Paris and Copenhagen on all levels from Head of Design and Collection Management .

An analytical and creatively intuitive profile with a strong interest in defining a new vision for a brand based on an audit and study of its existing brand heritage.

A multitasking profile who can do a total intervention on brand concept and strategy (main or 2nd line); or collaborate on a defined part of the brand inside its creative team.

Drawing on my many years in the industry, my network of influential contacts and industry professionals are invaluable to my freelance Clients.

Recent commissions range from Luxury to international RTW collections, developing creative solutions from initial stages of concept and design in collaboration with an existing team to creating a full brand identity.

Strong experience and knowledge in fabrics, cuts, draping, production and presentation.

References are available upon request.

For me, the classic tailoring is always a number one priority, and the synergy with the trends gives the collection an unconventional luxury.

For the menswear Pantomime collection I was inspired from the art and movements of Pantomime , an old Italian dance form.

The personality of the Pantomime characters undergoes a metamorphosis over time, and the mood and style, poetic in movement, creates an empathic touching on deep, human emotions.

In 2009 I turned back to the world of the haute couture techniques, which I had so powerfully harnessed in my years in Paris.

I wanted to get back to the handcraft I loved,and the things that are being lost in the making of fashion. "Women ask for masculine tailoring and shirting, but they want to feel fragile at the same time." Danish Design is a style of functionalistic design and architecture developed in mid-20th century. many of which have become iconic and are still in use and production. Working as a designer, I have often collaborated with photographers，printdesigners, artists, architects… Working with concepts, shape and texture are daily ingredients as a designer.

CHRISTIAN WESTPHAL

Christian Westphal 同名服装品牌设计手稿及成品

NIMB

Nimb 酒店位于哥本哈根中心区的童话游乐园蒂沃利（Tivoli）公园 。
蒂沃利公园于 1843 年开业，是一个罕有的现代与历史、娱乐与文化的综合体。

我用镜头和写生来探索 Nimb 酒店，力求抓住其空间、居民和周围环境的精神核心。

我将带您了解酒店、餐馆，去探索独一无二的五星级酒店——Nimb 酒店的神奇之处。

Nimb 永远都不缺乏童话的浪漫，14 个装修独特的房间面积从 23 到 240 平方米不等，其中有 12 个是套房。

每一处墙饰都经过精心的挑选，值得细细品味。

关键词：优雅，旧式学院派工艺，低调奢华，设计语言简明而国际化，例如：干挂苏岗岩、水曲柳、石膏与网纱、毛皮（山羊、貂、驯鹿）、湖滨、水洗橡木、动态的、凉爽、优雅的边界、火焰、陶瓷、铜、木炭、熔岩、精神力的、温暖的天鹅绒、诗意、惊喜，以及最重要的功能。

1 | 2
1. NIMB 酒店局部外观
2. NIMB 酒店夜景

Nimb is in placed in the middle of a fairy tale amusement park called Tivoli, in the heart of Copenhagen.
Tivoli opened in 1843 and is a rare mixture of new and old, amusements and culture.
I explored NIMB with my camera and sketchbook, trying to capture the essence and spirit of the spaces, the people and the surrounding areas.
Key words: classy, old school craftsmanship, understated luxury, reductive in its design language but speaks international languages structures as dry granite, ash, plaster and gauze, fur (goat, mink, reindeer) silver, beach, washed oak, dynamic, cool, elegant edge, fire, pottery, copper, charcoal, lava, spiritual, warm and powerful velvet in gray monochrome shades, poetry, surprises and most of all, function.
I will take you through the hotel,the restaurants to explore the magic place NIMB HOTEL is an exclusive 5 star boutique hotel like no other in the world.
Fairy tales are ever present in Nimb's 14 uniquely decorated suites from 23 - 240m², of which 12 are suites.
Wall pictures are worth studying, all are handpicked for each room thoughtfully.

1 | 3
2 | 4

1. NIMB 酒店房间局部之一
2. NIMB 酒店房间局部之二
3.Brasserie 餐厅局部
4.Brasserie 餐厅吧台局部

BAR'N'GRILL

烤牛排的美妙声音，甜美的葡萄酒，烧烤的
香味，享受自己，没有地方比这里的气氛更好。
带有魔力的气氛和完美的鸡尾酒，就在这座
城市最高档的酒店酒吧里，在旧舞厅的水晶吊
灯下。

1 | 3
2 | 4
  | 5

1. Bar 局部
2. Bar 大厅

The sizzling of large steaks, the clinking of great wines, the scent of grilled，Sit back and enjoy yourself, for nowhere is the steak or atmosphere better than at Nimb .

A magical atmosphere and perfectly balanced cocktails in the city's most exclusive hotel bar, under the old ballroom's crystal chandeliers.

```
1 | 3
2 | 4
  | 5
```

3. Oval Room 局部
4. Terrasse 外观局部
5. Terrasse 室内局部

Brasserie 餐厅室内局部

我相信美的魔力，正如我相信我的设计将让世界变得更美丽。我还相信，悦目的设计可以让人们流连忘返。我认为，审美不仅需要理智，也需要情感，如同爱情。美的定义需要通过你的眼睛视觉、你的双手触摸，和你的感知而被赋予。我相信能在不做任何妥协下创造美。

简而言之，专业、工艺、细节的注重，决定了设计的恒久。而正确的颜色搭配，合适的面料或裁剪，可以让整个设计变得美丽生动。

I believe in the magic of beauty. Just as I believe that my design will make the world more beautiful. I also believe that aesthetic design can make people stop. And think aesthetic is not only intellectual，it's emotional，like love. Aesthetic is defined through your eyes your hands your stomach I believe it's possible to create something so beautiful without compromising. In short，professionalism，craftsmanship and attention to detail is the heart of long lasting design.I believe that the right colour, the right fabric or cut is all what it takes to beautifying an entire space.

Cho Chung Man
左颂玟

文字 图片 /《设计质》编辑部

左颂玟，新加坡国立大学建筑学硕士，RMIT 澳大利亚皇家墨尔本理工大学客座副教授，美国 LEED 绿色建筑认证专家，香港参数化设计协会联合创始人，华中科技大学建筑学系副教授，Meta 跨界实验室技术主管，国内首创 3D 打印互动墙主创之一。建筑领域先锋，主要研究有关建筑材料的物理性能和建筑造型与使用需求的关系。

突破自我，"曲线人生"更富意义

毕业于新加坡国立大学建筑学专业的左颂玟，凭借其优质高效的参数化设计，曾在国际上首屈一指的建筑设计事务所 Aedas 公司中任唯一一位参数化主管，负责飞机场、高铁站等重要项目的设计。然而，面对这样一份稳定且有着良好前景的职位时，他却选择了离开。用他自己的话说："是选择直线上升的人生还是曲线回旋的人生？我认为，后者会更富意义。"

他喜欢挑战自己，常说"Do the almost impossible, to think of the unimaginable"（尝试不可能，从而将它变成可能）。在机缘巧合的际遇之下，他来到了武汉创立了 Meta 跨界实验室，同时也开始了在华中科技大学建筑系的任教生涯。他喜欢曲线的人生，跨界设计对他而言就像是在爬山，爬的时候比较辛苦，但爬上去之后会新奇地发现，原来将自己思想上的灵感转换为现实之后是这样的美好。

思维敏锐，用创新思维引领未来

世界是被强大的新生力量引领着前进的，设计领域的发展亦需要一些设计师走在前面。正如电脑和互联网一样，很多东西在刚开始研发的时候，人们看不到它们的价值，在最初左

颂玟等人倡导使用 3D 打印技术的时候也有这样深刻的体会，然而 3D 技术发展到现在，已经有很多的设计师在采用它来表达自己的产品。他正致力于采用 3D 打印技术来设计制造灯饰，利用数据建造模型。

思维敏锐的左颂玟对设计有着自己的心得。他认为，设计师首先应认识到研发和创新的重要性。在中国的设计行业里，对原创设计的尊重程度远远不够，无论是在高校还是在企业，新技术和新产品的研发都没有被放到应有的重要位置上。

其次，好的设计还需要一支精锐高效的团队。左颂玟希望团队成员少而精，每一个成员都能独当一面。再者，设计是需要灵感的，他认为设计师在告诉他人什么是未来模样时，自己的视野应该是通达的、开阔的。设计师应该多去看世界、感受世界的变化，将工作、学习与旅游有机结合。就如他的团队经常会出现在不同的地方，交流办展，学习旅行。此外，很重要一点就是设计师需要不断地突破自我才能创新，设计师要懂得"舍弃"，舍得丢掉自己之前的设计概念与成果，从而在设计新的方案时能从全方位构思，而不是在原有的基础上改动再完善。

追求哲学关系的设计境界

左颂玟认为，设计一个方案应把握好逻辑，首先知道为什么设计、设计前后能带来怎样的改变，然后再是怎样设计。好的设计师在成功之前，定是做过很多项目，经历了常人无法想象的历练才逐渐形成属于自己的设计理念和设计风格。在常人看来，设计师大都是对实物进行设计，而从小就仰慕爱迪生的左颂玟认为，相较于有形的设计，设计师对无形事物的设计更是一种超然。

哲学上存在着一般与特殊的辩证统一关系，这在设计行业同样存在。建筑的设计只是一种特殊的设计，一般意义上的设计则是多种形态的，例如教师给学生上课时对一堂课程的设计，甚至于用心构思午饭的做法等都属于一般设计的范畴，从这个意义来说，每个人都是设计师。

左颂玟更加看重设计的过程和设计本身的价值，即用一种真诚的态度站在对方的角度上去思考和设计。他渴望设计出能够让使用者受益的作品。左颂玟清楚地认识到建筑的好坏如果只是从建筑师的角度来看是很片面的，必须以大多数平凡人的需求为依据，因此他有一个强烈的愿望，要用自己的设计理念去解决很多

"千丝万缕"是一座位于深圳和香港边界的边境管理站。该设计取材于中国传统书法，期望在相互独立的两座城市之间添加流畅而又有力的一笔联系，同时又保留彼此之间的特色。传统中国书法的精髓在于运用笔触的流动和力道，将主观的情感融入进白纸黑墨的客观存在之中，以达到"下笔如有神"的境界。在中国书法看来，看不见的留白和看得见的笔触同等重要，它们都是传达作者感情的重要元素。正是这些实和虚的组合变化在二维的白纸之上创造了含义深刻的字体字形。同写书法时运笔所产生的时空变化一样，边境管理站的设计也为站内访客三种不同的行为模式书写了空间上的舞蹈。

生活中的问题，去做很平民化的设计，这才是他眼中有价值的项目。

　　在新加坡服兵役期间，左颂玟就显示了他性格中与众不同的地方，他曾经制做了一个虚拟的装置放在眼前调试射击距离。他爱思考，也擅长动手做各种实验，这种爱探索不拘泥于常态的性格被他自嘲为"我是一个奇怪的人"。仿佛他总有用不完的精力和热情，不管处于人生的哪一个阶段，总希望能够改变和创新，用更高的水准去做他的设计。现在，他仍喜欢做核心的技术研发工作，就像一直坚信的那句话一样——"尝试不可能，从而将它变成可能"。

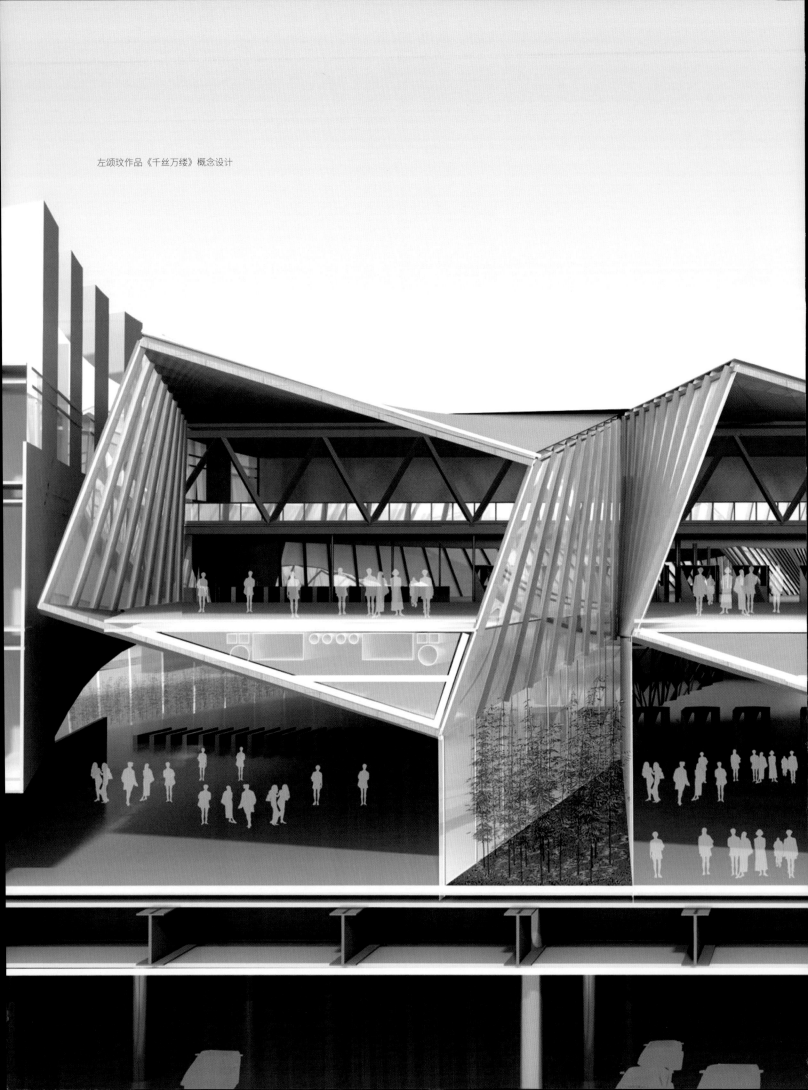
左颂玟作品《千丝万缕》概念设计

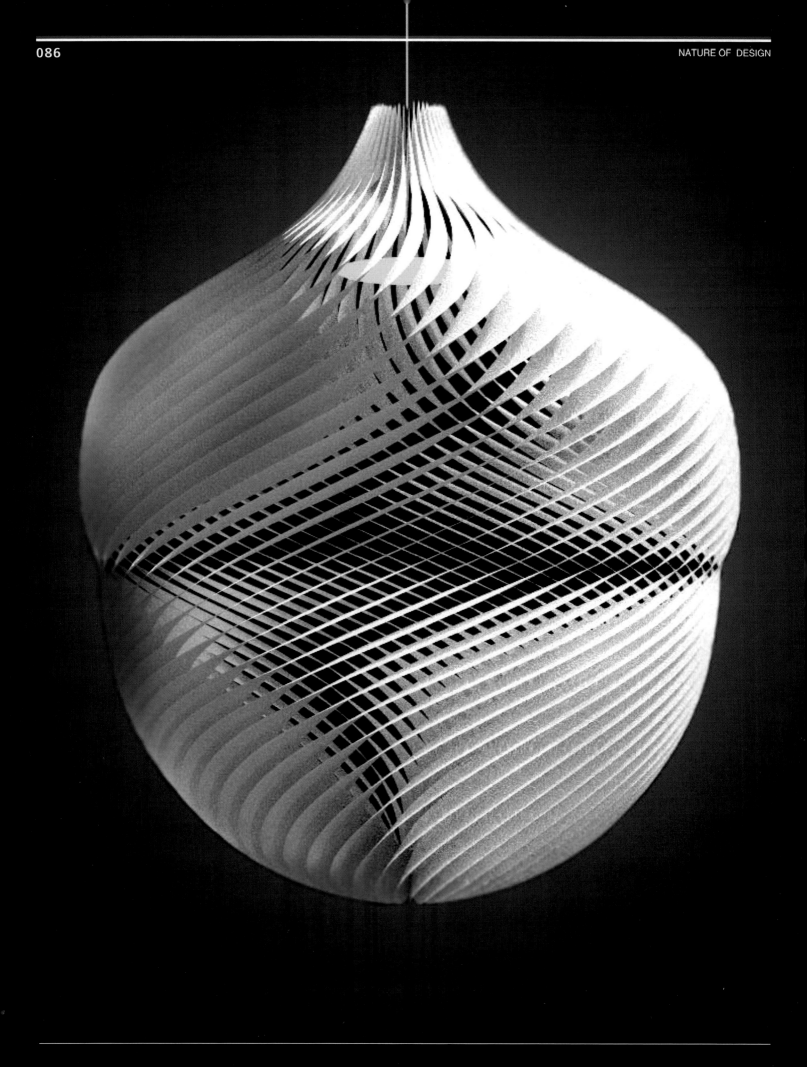

展望 3D 打印——左颂玟访谈

采访 / 整理　《设计质》编辑部

摘要: 在人类历史上, 科技革新与进步曾改变人们生活和看待世界的方式。蒸汽机、工厂、汽车——所有这些标志性的发明都解决了人类面临的关键性问题, 同时也引发了我们生活方式的革命。科技不可避免地改变了我们对物理和语言环境的理解。而 3D 打印又将带给我们什么样的改变? 一位设计师将从他的角度谈谈 3D 打印将怎样影响未来的设计。

关键词: 未来设计; 3D 打印; 设计

编辑部: 您认为 3D 打印将对未来的设计带来什么改变?

左颂玟: 在不久的将来 (其实现在已经出现) , 3D 打印会帮助设计师在三维层面上表达他们的设计。设计师将很快使用三维的设计方法来代替现在的二维绘图。二维信息将变得不再有说服力。

在更远的未来, 3D 打印将引发许多产业 (比如汽车、珠宝等) 的革命, 它将代替现有的生产方式。我认为 3D 打印将走进普通民众的家庭, 所有普通人都能在他们的闲暇时间进行设计、打印和创造。

编辑部: 现在的 3D 打印技术面临什么样的挑战?

左颂玟: 速度与费用。许多人第一次听说 3D 打印时觉得它十分神奇, 但事实并非如此。3D 打印的两个最大的问题就是速度与费用。因此, 对于早期的使用者来说, 准备尝试这项技术时, 应尤为重视这两个因素。

编辑部: 为什么说 3D 打印适合室内设计?

左颂玟: 说实话, 现在在室内设计领域并没有产生对 3D 打印技术的切实需求, 除非是人类打算在月球上建一栋建筑, 才可能考虑使用它。目前这项技术的费用和速度都不太能被人接受。3D 打印和建设现在主要还处在研究阶段, 等到这项技术真正实施的那一天, 让我们再来进行更深入的研究。

编辑部: 您关于 3D 打印照明的理念是怎样的?

左颂玟: 我设计的三个灯具系列的名称分别是: "气氛"、"属于你"和"模仿者"。我想设计出只适合 3D 打印技术的独特样式。"气氛"是能使空间产生某种氛围的一系列灯具。"属于你"是有故事的灯, 它讲述了灯具的设计。"模仿者"是一种灯具样式, 它致力于模仿自然材料的某些特点。

编辑部: 您认为未来的设计师应该从 3D 打印中学到些什么?

左颂玟: 你提到了未来, 因此我认为我需要从一个更宽广的哲学角度来探讨这个问题。我认为, 技术提出问题是技术本身的力量和贡献带来的必然结果, 所有的技术都是如此。比如说, 移动通信技术提出的问题是, 为何我们要见面才能聊天; 因特网提出的问题是, 我们人和人之间应该怎样地建立联系。3D 打印技术也提出了一些有趣的问题。第一个问题是关于世界上所有建筑的结构系统——为何我们一定要建造长方体? 由于正常角度在建造过程中已不是必须, 我们应该通过一些形式方面的探索来更有逻辑地建造我们的结构。

我认为技术应该经过人类规划, 尤其是像 3D 打印这一类的新技术。人们需要思考 3D 打印技术应该怎样、何时被用于做什么。规划过程包括为该技术寻找商业模式, 创造一个商业上可行的、自我可持续的、令人满意的经济体系, 这个过程是一种挑战。

M-SURFACE

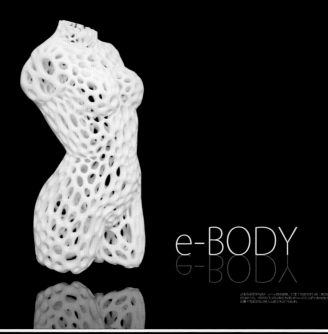

e-BODY

S-CHAIR

The highlight of the interior design lies mainly in the design, fabrication and construction of the S-Chair. The decision to make slices through the employment of CNC machine is made early in the design stage as other options like GRG seems to be too expansive. The chair has a very sexy outlook as the complex geometry seems to be morphing out and into the wall, welcoming patients and visitors to sit. The basic of ergonomic is use when designing the chair so that different posture is allow on the chair. Each section is cut at 45 degree to the wall to prevent overhang and excessive material wastage.

A box is constructed for the 340+ sections to be sits on and each section is being cut at the box height to simulate as a movement joint as well as for optimization of material. Double layer skin is use to create a zigzag effect for the geometry. The total material saving for this decision is about 40% and this does not affect the outlook of the chair. Each section is filed and liquored to finish.

Parametric computational tools are used to test and visualize the design to optimized and investigate constructability of the chair. The Chair, compromise of 340+ pieces of wood are assembled without a single pieces of printed paper and within the client budget.

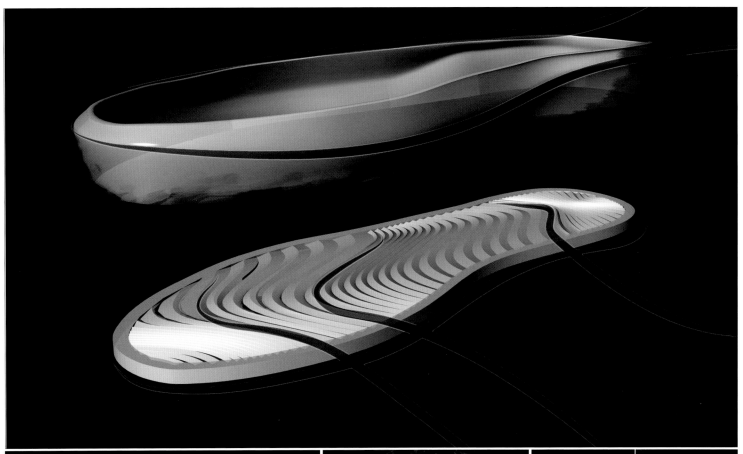

ICE-ING

O- FLOWER

BERET LAMP

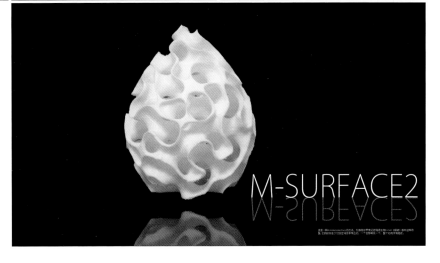

M-SURFACE2

1 2 ｜ 4
3 　｜ 5 6 7
　　｜ 8

1. M-SURFACE 装饰
2. e-BODY 装饰
3. S-CHAIR 椅子
4. 特殊造型灯具
5. O-FLOWER 灯具
6. ICE-ING 灯具
7. BERET LAMP 灯具
8. M-SURFACE2 灯具

Francesco Murano
弗朗西斯·穆拉诺

来源 / **MURANO HISTORY**　撰文 / **Jacqueline Ceresoli**　翻译 / **刘婷 妍曦**

Francesco Murano，设计师，米兰理工学院设计系研究教授，米兰理工学院灯光色彩实验室研究员，杜莫斯学院和台北设计中心研究员，欧洲设计学院灯光设计方向协调主任。获杜莫斯（Domus）学院硕士学位，米兰理工学院工业设计博士学位，博士学位论文为《光的形状》，主攻领域为环境与室内照明。他的作品包括照明设备设计、看台照明设计、灯具设计、纪念性建筑照明设计、艺术展照明设计与新型材料研究。他是米兰理工学院英迪格院公共照明方向硕士课程计划的制定者。他在"尖端设计竞赛——安抚情绪的光"国际比赛中获得了办公空间照明设计的奖项。他也为众多重要艺术展做过照明设计，包括克林姆、沃霍尔、埃舍尔、夏加尔、米开朗基罗、拉斐尔等艺术家的作品展。

作为一名建筑师和设计师，您如何描述自己在灯光设计领域所做的工作？

我想说那是一种激情，是在 1983 年为斯基珀（Skipper）公司设计灯具时点燃的。斯基珀是一家室内设计公司，埃托·索特萨斯、布鲁诺·歌瑟林、安吉洛·曼贾罗蒂和其他意大利设计界知名人士都曾为其设计过划时代的家具及灯具产品。

我为斯基珀设计的那款灯叫做"希斯迪纳"（Sistina，图 A），它由内部镜头将双色光柱聚焦，然后将其投射到天花板上。这款灯能在天花板上投射出万花筒的图案，这是为了提醒人们灯光本身就可以起到明确的装饰功能。在那个年代，灯光的装饰功能在设计灯具时完全不受重视。

我开始对灯光的本质感兴趣，它本身就是环境中的一种无形元素。我发现安东尼·佩内洛对于灯光的研究十分有价值，他对灯光的语言学本质展开了诸多探索，却由于过早去世而没有来得及对灯光的科学本性进行进一步的研究。我设计的希斯迪纳获得了意想不到的成功，它被印在了所有（意大利）的设计和建筑杂志上。不幸的是，1992 年经济危机来袭，斯基珀公司和我设计的希斯迪纳都受到了波及。不过后来我在网上还找到过这款灯，它被当做古典摩登的代表作出售。我很高兴，直到今日，它还能引起收藏者的兴趣。

似乎灯具设计并不是您唯一的设计激情所在？

后来我转向了室内照明领域，比如说米兰市警局位于贝卡里亚广场的大型控制室的灯光设计项目。我为这个项目设计了附属综合照明系统，它用两种荧光灯混合产生变幻的光影效果。该系统由监管员来控制其整个系统性地运作，监管员需要每天 24 小时留在控制室内以操作它。从设备到场景，灯光设计都衔接得完美无瑕。我之前已经在一款名叫美琳（Merlin）（图 B）的灯具上使用过附属综合照明系统。美琳是 1990 年由潘塔卢克斯（Pentalux）公司生产的，它是第一款投射彩色光到天花板上使其混合、协

A　D
B　C

1. 图 A 希斯迪纳
2. 图 B 美琳
3. 图 C 米兰商人广场的柱栏项目
4. 图 D《灯光简史，剧中的光线，从赫伦到阿皮亚》

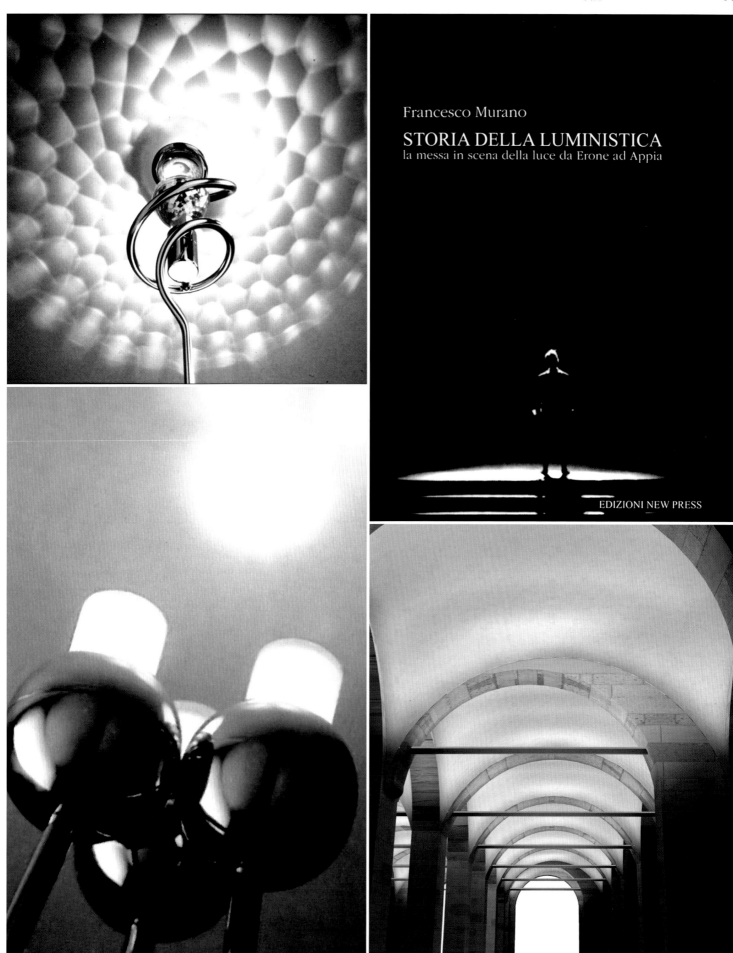

Francesco Murano

STORIA DELLA LUMINISTICA
la messa in scena della luce da Erone ad Appia

EDIZIONI NEW PRESS

调的灯具。美琳的设计被刊登在了 1991 年 1 月份的《杜莫斯》（Domus）杂志上，因此我可以明确地宣布美琳的设计早于阿尔弼弥斯的"变形"系列。

那么室外照明设计的情况又如何呢？

我也做室外照明设计，比如米兰商人广场的柱廊项目（图 C）。该项目在连接拱门起拱石的条石上设置了 1400 个 LED 灯以提供拱顶处的非直射光。此处的照明设备是完全独立工作的。直观的光源是如此的炫目，我不希望该项目中的历史遗迹被它们抢去了风头。所以，我采用了迷你光源并对其进行了调整，目的是使它们不引人注意。灯光的突兀与恰到好处之间的区别展示了安东尼·佩内洛分类学中的一种观点。阿道夫·阿皮亚和汉斯·塞德迈尔分别提及过"活跃的光"和"轻度光与重度光"。

阿道夫·阿皮亚是二十世纪初期"新舞台设计"的创始人，请问您有没有也对舞台产生过兴趣呢？

我曾花过三年的时间来研究剧院中的灯光，我还出版过一本书，名为《灯光简史，剧院中的光线，从赫伦到阿皮亚》（图 D）。这本书页数不多，但收集了大量电灯发明之前剧院和舞台照明的案例，为了完成它，我在意大利图书馆中进行了艰难而详尽的探索和研究。随后我忙于研究"光艺术"——这是一门研究艺术家直接使用光源的作品的艺术。这对我而言似乎是一个绝佳的探索领域，那些艺术家是真正的试验者，所以值得我们对他们的研究产生特别的关注，这也是我和吉赛拉·格里尼在意大利写《灯光艺术》一书的原因。今年该书的第二版也要出版了，我们计划每年出版一本书作为那些重要的、昙花一现的工作的证明。

您曾经制作过照明设备吗？

我偶尔也会参与制作一些照明设备，比如说"光之迷宫"——它直径达 40 米，建于 2000 年，由卢斯博览会发布（图 E）。卢斯展览会中的法兰克福露米奈将，它表彰大约 10 位意大利艺术家所做出的贡献。佩特罗·皮雷利、吉安皮亚罗特·格罗西同我将在展会中一起展示由 11 根光弦组成的"光之竖琴"（图 F）。竖琴的光弦实际上是 6 米长的激光束，

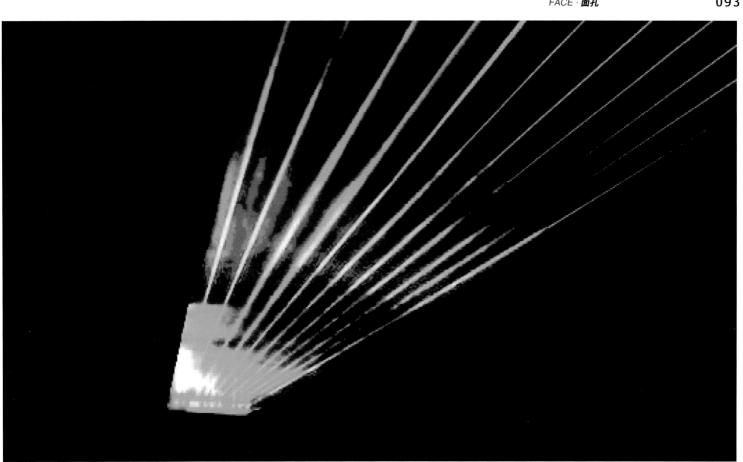

H | I | J   1. 图 H 牛顿纪念碑
             2. 图 I 蔓延
             3. 图 J 超大感全域

被触碰时会发出声音。这是一件光与声的乐器，它将被收入法兰克福考古博物馆中由公众使用。

都市灯光艺术是黄金时代的创新，它将都市变成了多重感官的熔炉。您怎么看待建筑变成符号语言和复杂构图这一现象，这是否意味着过度的特殊效果、光线、声音或是噪音带来了堕落的危险？

新的三色 LED 灯和复杂的电子操控系统使制作可变的、多色的照明设备变为了可能，色彩斑斓的都市景观因此扩散开来。这些景观并不总是令人愉悦的，它们经常显得过犹不及，在浓妆艳抹与真正的灯光艺术之间摇摆不定，不过这也算是用灯光来改变都市景观的一种尝试。我们不能忘记，历史遗迹任何形式的

人工照明都是扰乱其建筑景观的，因为它原本肯定不会设计成使用现代光源照明。在这种情况下我不会优先批判那些倾向于使用彩色和霓虹灯的人。

您提议建立"超感全域"（Ganzfeld）作为"完全领域"，在该领域中您无法把握您观察的物理空间的界限和维度，请问什么是感知的过渡地带？

我研究"超感全域"（Ganzfeld）有一段时间了。超感全域是德语词组，意思是"完全领域"。这个词组代表一种特殊的感官情形，在此情形中我们不能把握我们观察的物理空间的界限和维度。在物理空间中，界限是由观察到的角落和边线确定的，或者是由平面来划定角落和边线。平面总是一块深一块浅，有着

不同的亮度。亮度其实是指沿着观察者方向反射的光的数量。亮度也让我们可以侦测到光的存在——否则它是看不见的，因为光线穿过干净空气时并不会留下踪迹。因此我们可以说亮度的感知证明了光的存在，亮度的区别形成了物理空间的界限和形状。

为何您对这个课题如此感兴趣？

我在一开始就说过，我对光的本质一直都很有兴趣，那是指光独立于它所照亮的物体之外的性质。但我们并没有直接接触这些性质的经验，因为我们只在光影响物体和划定空间时才能感知到它的存在。我们只在光幻视时会对它的本身有模糊的感知，那是指我们将要入睡时所看见的轻微闪光，尽管此时我们的眼睛是闭上的，这就是牛顿所称的"心理光"。只

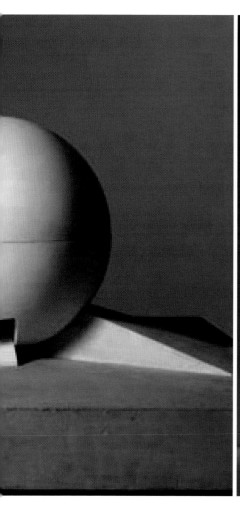

有在这种情况下，我们会把光和它照亮的物体区分开来，将它作为"纯粹"的实质来感知。现在，如果我们进入"超感全域"，会失去对空间和界限的意识，因此均衡灯光投射或者背部投射可以被完全地、彻底地感知。在 2006 年的博洛尼亚美容展上，我创造了一个装置以促进香料挥发，这种香料由一位意大利知名设计师设计。在该项目中 LED 灯照亮了蛋白石状的丙烯酸圆顶（图 G），人们将自己的头伸入这些不断变换颜色的圆顶之中。在圆顶内部，扬声器播放着舒缓的音乐，香薰机释放着优雅的香味。该项目设计了五种圆顶，但是只有一种被制造出来。该装置获得了持续的成功，人们排着队进入小圆顶，沉浸在其中，甚至有些不能自拔。我没有在该项目中设计集体性超感全域效果，因为一个

一群人可以体验到相同灯光秀的独立环境可以想象成是一个空心球的内部，考虑到费用，这样的环境是不可能实现的。

在您的笔下，部分的超感全域和完全的超感全域有什么区别？

超感全域可以被定义为缺乏亮度差异的可视空间。是以下原因造成了亮度差异的不可感知性：首先，由于我们离某个独立的、均匀的、被照亮的物理平面过近，我们的视觉范围内不再包括与它接界的其他平面；其次，由于平面划定了由弯曲表面连接的空间的界限，而弯曲表面的亮度对于平面本身来说是完全相同的。第二个原因导致了部分的和完全的超感全域。完全超感全域中所有的分界面都有着相同的亮度，完美的完全超感全域

从内部观察是一个中空的、亮度均匀的球体；部分超感全域最少有两个不同亮度的平面，但只有在这些平面不同时出现在我们可视范围内时才会形成超感全域效果。

在灯光设计领域和现代建筑中，超感全域最显著的例子是什么？

球体内部是本质上适用于超感全域的基本模型，同时这也是所有结构倾向的模型。早在 200 多年前，艾蒂安·路易·布雷就了解了空心球体的亮度潜力，牛顿纪念碑就是一个巨大的超感全域，它由位于中心位置的灯均匀照亮（图 H）。令人惊奇的是，詹姆斯·特瑞尔在他 1989 年的"蔓延"中设计了相似的建筑作为回应（图 I）。特瑞尔作为灯光艺术领域的大师级人物，自 1968 年起就开始研究

K | L | M   1.图K卢奥西·方塔纳
              2.图L阿契勒的照明设计
              3.图M安藤忠雄作品

超感全域。事实上从1968年末开始，他就与罗伯特·欧文、感知心理学家爱德华·沃兹做了一系列的试验来研究感知领域与感觉剥夺，他们从那时起开始创造一些超感全域，比如目前在沃尔夫斯堡艺术博物馆展出的名为"超感全域片段"的作品。特瑞尔的研究让他实现了与众不同的"巨石"工程——亚利桑那州罗登火山口，他甚至成功地弯曲了火山口构造以满足地下房间照明的需求，使地下房间也能享受到太阳、月亮和星星的光辉。

您认为艺术家奥拉维尔·埃利亚松和建筑师安藤忠雄是在尝试不同类型的超感全域还是在简单地建立感知或灯光环境的空间？

奥拉维尔·埃利亚松，安藤忠雄，詹姆斯·特瑞尔和皮特·卒姆托都擅长在项目的下部结构设置灯光。光感知的哥白尼革命使建筑为灯光服务取代了灯光为建筑服务。他们捍卫人民大众享受光的权利，而捍卫的方式则相当有趣，在这方面 Olafur Eliasson 的话尤其发人深思："1994 年我创造了一件作品——苔藓墙，从它身上我了解了单独观察一件艺术作品和与其他人一起观察它的区别所在。意识到自己与其他人在一起是十分重要的。如果我们考虑到历史上观赏艺术品的方式，无论是在教堂中、宫殿中还是在画室内，我们会发现观赏者从来都不是单独的。可能从来都没有人能单独观赏蒙娜丽莎。艺术是一种优雅而有效的体验社会的方式，沟通就是一切。出于这个原因，我不想赋予我的作品太多涵义，因为涵义很大程度上是基于讨论的。没有了公众，作品将不复存在，公众既是作品本身的一部分，也是作品

所创造出来的产物。"

您心目中理想的超感全域是什么样的？

我希望做一个非常大的、完整的、能够容纳50人的超感全域，就像美容展上使用的设备那样，圆顶由乳白塑料制成，用逆光照明。但是大尺度的、可供集体使用的（比方说直径20米的）圆顶中，逆光照明是十分困难的，因为在没有有形连接物的情况下，建造这种尺度的整体塑料半球会十分复杂。实现这样的无缝风动结构十分困难，但是建立一个不透明、不反光、由灰泥肋状条构成的结构会容易一些，灯光会靠反射而不是靠透射从内部投出。

问题随即变成在何处安置照明设备。最简单和明显的位置是圆顶的中心，波利就是这么做的。然而照明设备如果被人看到的话会在

某种程度上削弱其感知的扭曲。不过凯撒·柯德戈尼在他的照明训练中找到了解决之道，他在拱顶本身的底部安置光源以解决照亮一个均质而明亮的球状拱顶的问题，正如这张透视图所展现的那样（图 J）。

您是怎样把对光的兴趣与在理工学院的教学结合起来的？

我曾经教授了数年本科和硕士生的灯光设计课程，课程的主题是灯光的语言和运用。执教意味着与学生一同不断前进，我有义务让自己保持年轻。在"灯光色彩实验室"中工作使我和马利佐·罗斯、詹妮·弗柯里尼、马里奥·比森这样的学者保持联系，并与他们持续交换意见与经验，这是一种对研究和试验的长期刺激。

在为米兰首届灯展制作的照明设备中间，哪一款得到了您的青睐，为什么？

由马利佐·罗斯协调、阿尔伯特·思沙罗指导的灯光设计专业硕士生参加了米兰市 LED 竞赛。他们组成的三个团队是胜利者，而其中的两个团队实现了他们的设计。在意大利利益冲突并不十分令人反感，尽管如此，我也不觉得我应该对首届灯展的某款灯具发表意见。

我认为——这只是一个建议——下一届灯展应采用不同形式的照明表达，就像不同形式的技术专业化一样。比方说，某年可以关注投射光，另一年关注激光；某年关注焰火秀和都市剧院，另一年关注光雕。无论如何，我认为讨论哪一款灯设备能创造永恒是非常

有趣的，我相信这是一个信号，它意味着灯光艺术能比其他事件得到更多的欣赏。毕竟事情总是这样，回想一下斯塔提乌斯在公元一世纪对罗马一场演出的的描述："夜色笼罩，一个火圈华丽地降临在舞台中央，在那空旷的阴影中，它比阿里阿德涅的王冠还要闪亮。天空被焰火灼热，被夜的阴影扯碎了。"火圈是一个抽象的轮廓，是一个重要的展示光的例子，光因自身的美而被欣赏，它的美比任何象征或照明的功能都重要。同样的在 17 世纪，焰火作为光之美最正式和最抽象的表达，在那个时代几乎是比布景透视法还要崇高的艺术。布翁塔伦蒂、布尔纳契尼和桑托里尼都喜欢并专注于焰火。甚至是像吉安·洛伦索·贝尔尼尼这样杰出的建筑师——他在 1661 年建造了法国多芬——也专注于焰火，他曾让整个圣三一教堂

N
皮特·卒姆·托·作品

被焰火染红。在他的概念里，光是质朴、温柔、壮观的，我们现在只是重新发掘了他的概念。

您能介绍您喜欢的 2 ~3 件照明设计的作品并告诉我们喜欢它们的原因吗？

我最喜欢的设计作品是卢西奥·方塔西，它是在 1951 年创作的，如今能在米兰大教堂广场的世纪博物馆（Museo del'900）中观看。这个雕塑是一件艺术品、一个建筑元素、一个城市的象征。它是集合所有艺术性、独特性以及包容性为一体的完美的代表作（图 K）。

同时，我也喜欢由阿切勒·卡斯蒂利奥尼于 1954 年为工业设计国际评论而做的照明设计，这是一个集灯光、设计与空间于一体的成功设计（图 L）。

照明设计在全球的发展趋势会如何？

在设计师的意识里，照明设计变得越来越多元，从最初的设计草图开始，照明设计师与其他设计师一起工作。像安藤忠雄（图 M）和皮特·卒姆托（图 N）一样，很多建筑师将照明聚焦到作品上。很多时候，当光线运用得不恰当时，它就变得很突兀，让人觉得不自在，就像音乐被扩散到各地，迫使你去听，即使你不想听。

请您向我们的读者推荐一些有趣的设计相关的书籍、杂志、网站。

Luce：www.aidiluce.it/
建筑照明杂志：www.archlighting.com
专业照明设计：https://pld-m.com/
基于书籍取决于个人喜好，所以可以参考的是：
https://en.wikipedia.org/wiki/Lighting_designer

声音

王受之专访
郑曙旸专访 ARGUE

王受之专访

"大师"现象可以休矣

采访 / **赵慧蕊 王颖超**　整理 / **尚慧**

题记：2015 年 9 月，本刊有幸采访到了在设计理论和现代设计教育领域均有很深造诣和建树的王受之老师。通过专访，王老师结合自己多年的研究设计理论和从事中西设计教育实践的经历，讲述了设计教育、文化传承、"大师化"现象、设计语言传达等方面的问题。整个访谈体现出着王受之先生人生积淀和独特见解，体现了一个设计教育家的强烈社会责任感与人文情怀。

中国地产商开发国外项目，应当多尊重当地的文化和法律

编辑部：王健林斥巨资买下西班牙大厦后拟拆除重建，遭到马德里市长及 7 万余名市民反对。现在各大地产商都在往国外发展，这是大势所趋。您能不能就这个事件从您的角度来谈一谈中国的地产商怎么样才能够被国际接受？

王受之：买了房子，就有了房子的产权，你固然就可以做你想做的事，但是在外国可能会有一个市民参议的阶段，比如在美国，如果需要改造房子，当地市政府就会给以该房屋为圆心，一定半径范围内的所有居民发送听证信。在听证会上，屋主取得三分之二以上居民的同意，才能实施加建或改建。

中国地产商在国外开发有两种情况：一种是在外国地产商开发不发达的地方做项目，这些地方开发的空间大；另一种是在国外开发地产项目卖给中国人，这是比较多的。因为现在中国移民外国的有很多，但是总体数量还是有限，远远没达到美国的市场容量，所以这个项目的开发前景很大。

很多人以为西方的自由市场经济便可以为所欲为，这是错误的认识。一是在国外政府对于古建筑有立法。如纽约，建成达到 50 年的建筑就叫古老建筑，对 50 年以上的建筑进行重建就得申报。二是每个城市都有相关规定，规定房子能建多高、多宽。王健林拟拆重建西班牙大厦违背了市民的意愿，如果市民进行示威，就会面对舆论的压力。在外国改建一栋古老建筑，可能会惹众怒的，惹众怒便会有议员提出一项立法，然后通过立法，用法律的方式进行禁止。在国外，民意也会导致法律。我个人认为，应该多尊重当地的文化和当地的法律。

中国传统文化传承到现在只是一个遥远的影子

编辑部：您刚讲到文化这一块，有学者很无奈地提出"守旧待新"这个观点。我们这一代人自己很难去创新，期待我们的后人来创新。设计界也是如此。传承文化，作为我们这代人，文化在"传"了之后，如何"承"？往哪个方向"承"？"承"下来以后，我们希望是文化自身独立发展，还是一种强迫性的引导发展？

王受之：中国的文化其实已经断了很久。传统文化"承"到现在的只是一些传统的形式，比方说某个图案、飞檐斗拱等。中国文化的核心就是中国的道德观念，还有"礼、义、廉、耻"，这些从"五四"以后就开始断掉了。"五四"以后，文言文被白话文所替代，文言文"跳'到白话文，其实是中国文化传统的断裂。文言文用很简单的字，表达很复杂的思想，并且它卑谦、礼让。现在大家不会用简单、雅致的文体去表达一个思想，都是用的大白话。这种断裂很可惜。语言文字如果发生了巨大的改变，人的思维方式也会随之改变。

说到文化传承，我们现在剩下的是中国传统文化一个很遥远的影子。这个影子建立在比较粗放的语言文字和一些符号、标识上面。比方说，做成红颜色的就叫做"中国红"，其实并不是这个概念；斗拱——中国的代表象征，也只是把中国皇家的符号作为了中国民族的符号。现在我们说传承传统，我首先要问"传统"是什么？我们对历史没有一个真正的认识。像今天的汉口里，不像当时的汉口。首先是尺度不像，但这个"不像"没法用语言去表达。以前汉口的交通路、江汉路，那个小小的尺度才是汉口迷人的地方，跟巴黎的感觉很像。现在的汉口里尺度巨大、房子巨大，虽然样子很像，但绝对不是当年的汉口了。虽然用的是传统的符号，但用不出"传统"的感觉。现在的传承，传承的是一张"壳"，这张"壳"是个博物馆型的一张皮，它没有内容。因为生活在传统中的那代人已经逝去了。

"守旧待新"，我认为守的就仅仅是一个旧的躯壳，不是旧的精神。一般人认为旧

就是落后，其实中国的"旧"里面蕴藏了很多优秀的东西，而这些东西就是一种体制，这个体制经过若干次革命以后已经所剩无几了。迎新，能够期待什么样的新，我其实不太乐观。随着老的东西都过去了，中国踏进了一个新的时代，这是个互联网的时代，中国也就创造了一种新的文化。这种文化跟以前的文化差异很大，跟国际的文化差异也很大。我们觉得我们跟国际接轨了，其实在思维方式上我们跟国际接轨就差远了，没办法接轨。我其实很留念 80 年代，那时候虽然中国经济不发达，但那时中国人的精神世界是开放式的、吸收式的，想去了解外面的世界。

"大师"现象可以休矣，大师时代已经结束了

编辑部：中国设计师现在"大师化"得太严重，这种现象会对中国设计界产生不良影响，而且会有碍中国设计在国际上的发展。您如何看待大师化，如何让中国的设计在世界上找到自己的位置？

王受之：世界上的设计大师屈指可数。影响一个时代的文化发展的人才能称之为"大师"。他的言行、思想是举足轻重的，他能影响这个世界，或者这个时代的发展，这种人非常少。像密斯·凡·德罗这样的大师，他影响了整个世界建筑的发展。

现在的中国大师泛滥：一种是明星大师，是媒体炒作的结果；另一种最可怕的就是，

行业，甚至是自己包装出来的大师。现在在中国被称作"大师"，基本是一种讽刺。"大师"在一个国家沦落成贬义词，这其实是一个悲哀。我首先说我从来不是大师，因为我并没有在思想上撼动这个时代，我只是一个传播者，把外国设计史上发生过的事情组织起来，提出我的意见，传播给大家而已。千万别叫我大师，有人叫我大师我是很不开心的。同样来说，现在影响我们文化思想的人，在国内基本也没有。不是学问多就是大师，学问多是你库里的东西装得多，比方说季羡林、钱钟书这都叫大师，但他们自己从不叫自己大师。不是说你懂梵语、你研究印度的经典、你会读土罗文就是大师，那最多成为专家。专家不能跟大师相提并论，因为你不能影响这个时代。

我觉得"大师"现象可以休矣，大师时代已经结束了。现在当专家都不容易，很多人专家都当不上。我觉得最好的尊称是"老师"，称作"老师"就说明你懂得比我多。这个时代不是出大师的时代，文化思想上面能够影响一代人、一个时代的人没有，也没有这个机会。

设计教育应该更加多元化，才能培养出市场需要的优秀设计师

编辑部：您自己也在办设计学院，从您的角度来看，中西设计教育的差异肯定是巨大的。现在国内很多人是因为怕考不上大学才选择学设计，请您以汕头大学设计学院为例，谈谈怎么去纠正这个问题。

王受之：设计教育应该是多元体系才能出现好的设计师。现在中国教育是教育部管的，包括学位的授予、专业名称。美国有 64 所独立的美术和设计学院，其中只有两所是州立的，其他的全是私立的。这就说明了设计教育的一个多元化。德国虽然以公立院校为主，但德国的办校有极高的自由度，德国没有教育部去管你怎么做，政府只负责拨款。所以现在国外的设计教育，一种就是像美国这种多元化的市场所产生的需求。比方洛杉矶 4 个独立的美术学院完全完全各不相同：一个就是我任教的艺术中心设计学院（ACCD），汽车、电影专业很强；第二个是加利福尼亚艺术学院，动画专业世界第一，皮克斯公司的员工全是这里毕业的，包括总裁；第三个是南加州建筑学院，建筑专业很强，并且就只有一个专业；第四个是奥蒂斯－帕森斯艺术与设计学院，玩具设计、时装设计很强。受市场的影响，艺术院校不可能每个专业都强，它所呈现的是一种互补的关系。另一种就像德国，保留了自己的传统，但因为德国政府给了办学很大的学术自由度，因此也有改造的可能。

中国的同质化教育，导致每个学校出来的学生都一样，中国现在有 40 万学设计的学生，但是出来都是一个模子。即使有差异也是个人的差异，不是学校教育的差异。美国就不同，每个学校教出来是完全不同的学生。中国的设计教育在体制上，没办法改革，中国不可能引进市场化的机制，也不可能兼容其他国家到中国办学。我们在这个体

制下，就只能做这个体制内的事情。中国的设计教育体系是教育部一个统一的系统，每个年级的课程都是固定模式。中国是体制决定人生，最后导致一个盲目的学生进入一个盲目的市场。但在外国并没有规定每个年级该上什么课，而是学生根据个人能力自由安排。美国学校是给学生一个机会，让自己决定人生。我教一门现代主义导论，是3学分的必修课，教现代设计和现代艺术史。这门课有8个教授同时开课，但8个人教的方法完全不一样。有些老师专门讲纯艺术，有些老师专门讲电影，我是专门以设计为主的，每堂课学生都爆满，有的老师却学生不够。学生自由选择授课老师，学校规定选课学生少于10个，这门课就取消了，老师就没工作了，学校就是用这种方式给老师施压。一个中国人凭什么去美国教美国人西方设计的理论和设计史？那就是凭学生的认可，我连续20年都评了最佳教授，我就是终身教授了。美国教书没有铁饭碗，所以这种机制就造就了学生自我能力很强、老师的工作能力非常强。在最好的学校教书就必须得有真材实料。

在美国我任教的学校，师生比达到了1:3的比例，我们国家现在大约是1:18，汕头大学是1:14。设计教育没办法从体制上得到解决。我在汕头大学，做的也是一种我知道不能成功的尝试。我在这个学校的时候，

它会比较好；但是我不在，这个体制就维持不下去了。好的学校应该是：这个名教授在，行！这个名教授不在、换了校长，一样能行。我们却没办法形成这个好的体制。我只是尽我自己一份责任，把能做好的做好。

设计从来不需要用语言去表达

编辑部：您说设计从来不需要用语言去表达，我今天想问的就跟这两个字有关——"沟通"。在中国，愿意学设计、研究设计的大多是设计从业者，而不是设计系的学生。现在是个互联网时代，也是个特别快捷的时代，我们分分钟可以了解到最新的消息，高铁飞机能够很快带我们去远方了解那里正在发生的设计盛事。我们的设计师从国外带回来大量收获，但我们的设计师该怎么融入国际设计，我们怎么参与全世界的竞争？

王受之：设计沟通的方式有很多。平面设计沟通起来比较容易，因为符号和文字，很符合沟通习惯。国际市场上，用中国人适应的思维去跟国际性的语言沟通是有问题的，他们表达的不是同一个意思。手势上，中国外国就不同，图形也不一样。中国是一个特别擅长用语言沟通的民族，并且表达方法很多，所以中国人往往缺乏的是一种简单的表达，而不是用语言文字去表达思想的能力。这方面，日本人就很强。因为日本人不善长于言语，日本很安静，是个害羞的民族，

是一个很怕讲错话的民族。所以日本就形成了一种强大的图形表达的沟通能力。他们的标识运用很广泛，所有的说明书都有配图，告诉用户怎么拆、怎么用。而中国就是用文字的方式来告知。也正是因为日本是图形的民族，所以日本融入世界平面设计的语言比中国人厉害。他们知道怎么用图形来表达意思。中国是个语言民族，所以在图形表达上还是有欠缺。

其他方面，比方说室内设计，传达作用很重要。比方（在中国）到一个室内，有时候空间的感觉和照明的感觉往往给你误导。这在外国绝对不会搞错。比方麦当劳是吃是快餐的，快餐店有快餐店的室内设计，不管怎么装都是快餐店，你不会认为这是西餐店；高档的餐厅，你绝对不会弄错，一进去，暗暗的、木头的颜色、皮的颜色不会很鲜艳，不会灯火辉煌，给人感觉很高档。它有一种传达语言，这种语言是通过空间、照明和颜色，形成的一个体系，很成熟。这个恰恰是目前中国设计的问题，怎么通过设计的语言，而不是语言文字去表达。我经常对学生要求，不要用文字表达你准备卖什么，这对中国学生是比较艰难的问题。怎么传达准确？如果传达的是糊涂的信息，受众也不清楚，发送者也稀里糊涂，大家就会在一种错误的设计环境里乱了。

信息传达，怎么恰如其分地传达我们要

传达的信息，这一点是设计师的一个使命。设计师在提供功能的同时，要传达一个信息：功能使用的可能性和功能所包含的档次和级别。告诉别人这是个餐馆很简单，但是告诉别人这是什么档次的餐馆，就比较艰难了。我们现在很多人想把低级的往高级说，其实这是乱套的，档次不分明。这些问题讲讲很容易，但是做出来并不容易。我们的教育里面完全没这个内容。这种现象在中国问题很大，解决方法我觉得就是要多看、多体验，鼓励大家多出去，不是走马观花式的，而是在一个地方住上一段时间。我现在不赞成学生跑到外国去留学，我认为学生应该到外国去游学，多看。

设计师应当借力"互联网+"时代 寻求自己所需的资源

编辑部："互联网+"的时代，诞生了很多交流的形式，比如说 O2O、B2C，商家会针对生活习惯为用户提供深度的服务，更好地享受生活。请您谈谈互联网时代会对设计带来什么样的改变？

王受之：带来改变是肯定的。首先是人的生活方式发生了改变，每天在互联网上花的时间很长。做设计的要学会怎么借助互联网资源来扩大对设计的认知、得到更多的信息。但互联网事实上不会改变人基本的需求，只是给我们生活的某一部分带来了变化，

在知识方面带来海量的信息。新的问题是，怎么找到你需要的互联网所带来的知识，很多人没有筛选能力。我曾经想过，如果把我所有设计史论书中介绍的人物分解成很多词条，就足可以做一个网上的查询平台，这一定是个独占性的。我拥有几千万字的文字，都是经过考证的，而且每个设计师几乎都谈到过。做个中国设计师专用的像维基百科这样的网站，专门针对大学生和设计人员，提供下载、查阅功能。这需要一个团队，我一个人没这个精力。

设计的本源是人类实现自己需求的手段

编辑部：您研究的设计门类很广泛，想请您谈谈设计的本源。

王受之：人类做工具其实就是设计的本源。在人类还没有发明文字的时候，就已经学会了做工具。拿根树枝去保护自己、拿块石头去砸东西等等，这就是设计。人类之所以和动物不同，就是人类会做工具，动物是不会做工具的。语言、图形都是一种工具，在工具的基本属性得到实现了以后，人类才有了审美，比如对称、装饰。根据马斯洛需求层次理论，设计的本能就是人类为了满足自己的功能需求、传达需求、审美需求、品牌和社会地位认同的需求。人类所创造的所有的东西都是设计，包括艺术品也是设计。艺术品纯粹是为了审美的需求。到后来当代

设计不是审美的需求了，而是一种宣泄、或者政治立场的诉求。当代艺术跟传统艺术，不考虑审美，而在于表达艺术家自己的思想。传统艺术就为了好看，服务于雇主。比如贵族要画皇帝的像，教会要画天堂、地狱。

所有设计的本源就是，人类要实现自己某方面需求的一种手段。每个人对自己的行为和对自己的欲望和审美需求而进行各种各样的活动，就是设计。其实每个人都在设计，甚至连走路、过马路都是一种设计。

设计比人类所有的活动都要早，恐怕人类还不会讲话的时候，就开始用树枝钩东西了。设计是人类最基本的活动。设计的核心问题就是要不断发现身边的问题，设计教育的目的就是要锻炼学生去找问题、解决问题，这就是全部设计教育的目的。

郑曙旸专访

纸媒的态度：为中国设计呐喊

采访 / **赵慧蕊　王颖超**　　　整理 / **妍曦　常怡**

　　现在想要做出一本好的杂志很困难，需要巨大的资源和较高的学术水平，也需要对市场充分了解，更要面对网络媒体的巨大冲击。但是我觉得纸质媒体是不会消亡的。就拿我和张绮曼老师编著的《室内设计资料集》为例，其实这本书有很多我不满意的地方，但是这本书里面是有它自身的一个理论架构的，恰恰是这个理论架构，才是大家想要得到的东西。而我们国内现在大量的设计杂志基本上就是"图书"，看书基本上就是看图。我是不认为这些就一定是好的作品。

　　去年有一次，也是很有意思的一个现象：我们在某个会议上做了一个点评分析，最后在微信上疯传。其实我所讲的道理并不是那么深，可大家居然都没想明白。我忽然间就发现我们现在的设计师，这些年光干活了，沉不下心来去思考一些很有必要的问题。像梁建国这样的设计师，他能想到这些东西，但我觉得有些东西还没想到真正意义上的透彻，何况我们大多数设计师都未能像梁老师那样思考问题。

　　我注意到一个现象，就是我们中国这么多年的建筑，每个建筑背后都有个故事。寻找那个建筑的思路是什么样的，作者的理想什么样的，后来在哪个地方走偏了，那么走偏是在专业层面呢，还是在决策层面。这些都不为人知！反而大家看好的都是一个好像皇帝新衣一样谁都不愿说的东西，很多都是给我们设计界粉饰太平的，一直到后来习近平主席说出来一个"奇怪的建筑"，大家才又在讨论这个事情。在我看来这是个多方面的问题，有些时候可能不完全是设计师的问题，也有甲方的问题。开发商有需求，设计师就只能照做。这样一个问题都没有讨论明白，那只能说明，我们的媒体没有说真话。我可以判断：其实中国设计师的专业水平不一定比国外的设计师水平低，但是我们所受的干扰要比他们多得多。我在前半生也做了一百多个设计项目，可在我心里真正意义上做成的，却不超过 10 个。那么其他设计师们心目中能做成的理想项目又有多少？

　　对于设计师来说，有些话自己不能往外写，你写了别人不相信，因为是你自己在说自己。尤其是在信息时代，就迫切需要一个很公正的第三者——就像你们这个杂志，能够把一个事情说清楚，甚至都不需要去引导设计师读者。为什么中国设计没上去？是因为一些最根本的东西你都找不出来，所以说我们设计评论这方面是很弱的。尽管有时候也在尝试，然而怕得罪人，所以杂志也不愿意费力，最后大家都盯着全世界所谓有名的那几个人。可能那些人只能解决他自己本国的问题，但是这些思路和方法在中国就真的有用吗？

　　我们好的东西没有好好宣传，比较糟糕的也没能好好指出，结果最后大家都以为我们这样就是一个常态，甚至悲观一点的设计师认为设计就是表面的。但你们仔细想想，中国在三十年前是什么样子？这些年的发展，这么大的体量，肯定有深刻的原因。无论是好的原因还是坏的原因，它都是原因。我们设计界很多的媒体只讲好的不讲坏的，最后一定是走进死胡同。

我觉得纸质媒体有他优势的一面。因为纸质媒体保持了这种传统的习惯，而它与电子媒体最大的不同就是，它是系统的，不是片段化的，也不是碎片化的。再者，纸质媒体留存下来的东西是比较完整的。

我觉得电子媒体最糟糕的一点就是说得太随意，说的很多东西无从考究。但是纸质媒体，你要经得起考证。换句话说你的学术性、完整性和真实性必须要很强。这一点，你们杂志要好好把握，真正去做一个能为中国设计呐喊的杂志。

千万不能小看杂志的力量，很多重大的历史变故可能就是因为一些不经意的小事。很多老人背后的故事他愿意反复地说，是因为有历史的抉择在里面。像工艺美术研究专家田自秉先生，今年年初刚去世，我们作为他衣钵的传承人需要写篇文章作为追思。我把他以前的文章重新又整理了一遍，从他文章本身的一些引注再去深挖，把那些背后的东西弄明白才发现，原来这个事情不那么简单。当时那个时候太可惜了，如果当时按他们那个想法去弄的话，也许中国整个设计都会不一样。

那么他们的想法是什么呢？这就牵扯到中央工艺美术学院方向性的问题。中央工艺美术学院很可惜，最后之所以没有了，是一开始就注定的，因为路走错了。我们当时的观念跟世界各国相比一点也不落后，五十年代那批知识分子（庞薰琹、田自秉等人）早就看清是怎么回事了，但是因为我们没经过工业文明，太多农耕经济的思想意识等等，绝大部分人是认识不到这一点的。甚至包括我们自己所引用的一些也都误解了。想起来这个事情其实也与媒体有关。通过这件事我就觉得，我们媒体最核心的地方就该是设计批评，如果不愿意去做设计批评的话，就无法发挥纸媒的长项。可是另一方面，中国的设计还有很多地方没走到那一步，很多人还没有想明白。但是这也是媒体真正应该去做的事。把来龙去脉讲清楚，这个案例是怎么回事，最后它有可能是什么，但呈现出来的一定要很专业，我相信这才是很多人愿意看的。

所以说，希望你们杂志在办刊思路上要不一样，可读性要很强，不能只有专业性，这样大家看完以后会思考：我的问题出在哪，我能不能以此为前车之鉴，以后再做设计我能避免什么问题，等等。

最后我赠给你们杂志一句话：为中国设计建言，为中国设计呐喊。

材料

匠心营造 稳步天下
— 盟多地板

MATERIAL

匠心营造 稳步天下——
盟多地板

文字 /《设计质》编辑部　　图片 / **盟多**

近日，小编在收看 2015 北京国际田联世界田径锦标赛时注意到意大利盟多（MONDO）品牌跑道及器械是国际田联的官方供应商，随后又在浏览中国弹性地板协会网页时发现了武汉新平捷科贸发展有限公司（http://xinyajie99.com），了解到盟多（MONDO）产品在商业及交通领域也有广泛的应用，盟多（MONDO）旗下有多款新型弹性地面材料，小编简单总结了几点：

案例一：吉林省图书馆；产品：多昂 Punti；时间：2014

盟多在世界

总部设在意大利的盟多（MONDO）集团公司作为世界最知名的弹性地材生产商之一，是以专业生产高水平的商业、运动、工业用地板为主的工业集团。自 Edmondo Giovanni Stroppiana 先生于 1948 年创立盟多品牌伊始，盟多集团秉持"始终制造最有含金量的安全的地面材料"的原则，重视与自然融合，运用先进的生产设备和制造体系建立起高品质、具有领先趋势的科学工艺，其使用的安全可靠性得到了最权威的欧洲测试机构颁布的证明。至今，盟多集团在全球拥有 13 家生产工厂与子公司，并拥有 196 个国家对盟多产品品质的见证，在世界市场竞争中享有盛誉。

盟多在中国

中国市场是盟多集团公司的战略重点。2005 年盟多集团成立了盟多地板（中国）有限公司，总投资达 2.3 亿元人民币。作为外商独资企业，盟多集团采用欧洲进口生产设备，全部主要技术人员均为意大利直接指派，严格执行行业相关最先进标准，以确保产品质量。无论是在鸟巢、央视办公大楼、上海世博会道路及场馆，还是在哈尔滨太平国际机场、南京地铁、重庆科技馆、吉林省图书馆等地，我们都能安全舒适地稳步于盟多地板之上。

盟多商用地板

盟多商用地板被广泛地运用于医疗、教育、购物中心、写字楼以及交通领域的机场、车站和各类交通工具上。盟多商用橡胶地板、商用 PVC 地板、复合 PVC 地板作为商用地板中的佼佼者，一方面以全类别多色调的设计契合设计师在设计过程中的多维需求，由盟多与意大利 B&B Colour Design 色彩设计工作室共同研究开发 HML 系统，旨在帮助设计师根据色系挑选所需颜色，通过地板的颜色和亮度的搭配来满足不同公共环境的使用需求，从而提高使用者的生活质量，另一方面盟多以高质量的产品最大化满足消费者在使用过程中安全舒适耐用度。

盟多商用橡胶地板

盟多商用橡胶地板囊括了多昂 Punti、多博 Fibra、多冠 Grain、多诺 One、多彩 Decor 的平滑表面地板和多特 Futura、多特 HD FuturaHD、多乐 Bollo、多润 Random 的凸凹表面地板。以多昂 Punti 系列为例，其经压延、硫化、稳定加工处理，橡胶地板呈多色颗粒花纹、光滑表层。多昂 Punti 系列具有卓越的耐磨性能，专为高负荷大人流量设计，不包含任何增塑剂、重金属等有害物质，VOC 排量极低，具有抗烟毒性和良好的抗污性能，产品经特殊表面处理，后期保养更加容易，大幅降低了维护成本。由于品质的卓越，多昂 Punti 系列被大面积应用于吉林省图书馆、重庆科技馆、西安汇航广场办公楼、石家庄正定机场、煤炭总医院与深圳第四人民医院等大型公共场所。

案例：北京国际田联世界锦标赛
产品：盟多跑道 MONDOTRACK WS
时间：2015

1.2.
3.
　1. 案例二：北京欢乐谷；产品：康特 ET600；时间：2014
　2. 案例三：成都军区医院；产品：欧尚 OMEGA；时间：2008
　3. 案例四：重庆科技馆；产品：多昂 Punti；时间：2009

盟多复合 PVC 地板

　　欧尚 Omega、欧罗 Loom、欧瑞 Ceramiflex 系列作为盟多复合 PVC 地板的杰出产品，其由顶级 PVC 原材料制成，双层玻璃纤维加固层，使地板具有超强的致密性和耐划痕性，并采用绿色环保生产工艺，无孔表面具有良好的防水功能、抗细菌功能。欧罗 Loom 系列地板多种花色和图案来自于 10 种不同地毯文设计；欧瑞 Ceramiflex 系列地板多种花色和图案则来自于木纹设计、大理石设计等，提供了不同颜色配色方案，以满足不同环境的使用用户。北京阜外医院、成都军区医院、济南奥体、芙蓉小学等地板的使用，皆来自于盟多欧尚 Omega、欧罗 Loom、欧瑞 Ceramiflex 系列。

盟多商用 PVC 地板

　　盟多商用 PVC 地板应用了全新超致密及耐磨性处理工艺（TD-PLUS），相较于传统地板表面处理工艺，其通体具备超强耐磨、抗划痕及抗化学腐蚀的性能。盟多商用 PVC 地板包括集康特 ET600、康卓 Drops、康典 Dian、康赛 Pixe 系列于一身的同质透心无方向地板，以及康派 Compacto、康派 200 系列的同质透心有方向地板。其中，康特 ET600 系列地板产品地板作为一款全新同质透心无方向 PVC 地板，其经 TD-Plus 特殊维护处理可从地板安装之日起保护地板表面，表面为同色系颗粒花型，T 级耐磨，易于清洁与除尘。康特 ET600 系列六重基色明暗混合搭配，色彩层次感强烈，不同的颜色、厚度可选方案适合各种使用环境，包括商用和家用环境。在北京欢乐谷、上海世博会路面及场馆、重庆肿瘤医院、苏州城南幼儿园等地，我们不难发现脚下即是盟多同质透心的系列地板。

盟多湖北总代理信息
公司名称：武汉新亚捷科贸发展有限公司
地址：武汉市武昌区中北路特 1 号楚天都市花园 C 座 25H
电话：027-59809510　18507109266
网址：http://xinyajie99.com

公益

古村之友
首届中国古村大会湖北新闻发布会
从旅游到工友 | *COMMONWEAL*

古村之友：
用社会组织的方式解决古村的难题

文字 / **汤敏**　　图片 / **广水摄影协会**

深圳市设计之都七彩奖的最高荣誉——特别贡献奖
授予了古村之友和奥雅设计集团联合申报的"全国古村
落志愿者网络"，并奖励了 50 万现金支持古村之友的
发展。古村之友全称"古村之友"全国古村落志愿者网络，
发起于 2012 年，成立于 2014 年 11 月，是一个非营利
的社会组织，迄今在全国近 30 个省有上万的志愿者队
伍。古村之友从古村保护、古村传播、古村培训、古村
创客培养、古村社区营造等多个方面开展着古村服务。

评委会：古村之友是一个有国际意义的项目

在获奖理由中这么写到："该项目的最高价值在于
其旨在保存深圳以及中国剩下的完整遗址——古村落。
这个问题在国家以及国际层面上有着重要的文化、经济、
社会以及政治影响力。"中国古村落作为华夏民族传统
文化载体、民间精神信仰以及人才摇篮，息息相关到我
们每一个人和家族。

更多社会力量共同参与才能保留住数量众多的古村

古村之友采取了有别于企业、政府和单个个体关爱
古村的方式，以志愿者的社会组织团聚全国各地关爱古
村的人群，就近服务古村。大量的古村广泛分布在偏远
的中西部省份，经济发展的落后、人口的大量外流，都
使得这些古村在无人问津中渐渐消失。而位于东部沿海
或者大城市周边的古村落，也同样面临着城镇发展中可
能的无度拆除、破坏性建设等现实困难。这个全面的社
会问题已经超出了市场和政府的解决范畴，需要以社会
组织的形式集合社会力量一起解决古村保护与可持续发
展的问题。

另一个需要调用社会力量解决古村难题的原因在于：全国古村数量数十万计，而在传统村落保护名单中仅有 2555 处，仅名单中的古村数量不足以满足十几亿中国人口传统教育的需求。另一方面能可持续活化古村的企业仍旧凤毛麟角，并且在企业投资的逻辑下，也通常只有那些地理区位优越、古村风貌突出的古村能得到所谓的商业开发，而绝大多数古村则不能被利用，所以仅依托企业的模式来解决规模众多的古村传承也是不可行的。

比一个企业或者一支专家队伍更有效的办法是推动全社会形成千千万万的古村保护与活化团队，他们的存在才能全面解决数量如此之多的古村的难题。

古村真正的希望：古村创客成为浪潮

一方面看见珍贵的古村在被拆除和倒塌，另一方面又看见大量城市人、知识分子、青年学生对古村表达出的热烈关爱和回归。因此帮返回古村创业的青年人搭好回到古村的路，成了古村复兴的关键。因此古村之友以各地为单位搭建古村创客的孵化基地，让回到古村创业的年轻人们能够与心爱古村朝夕相对的同时，还能成就一番欣喜的事业。

古村保护与发展中的障碍

尽管从政府到社会都在大力推动古村落的保护，但是在经济利益和观念落后的背景下，仍旧很多地区在无度地拆除古村，去年梅州围龙屋的拆除事件引起了社会的广泛关注，全国各地拆除古村落、文保点的事件仍旧屡见报端。

另一个重要的障碍是古村作为经济的弱势主体，关注古村的政府、企业、社会组织总体上力量有限，在这么一个关系中华民族文化传承的重大话题上，没有一个包含不同声音的全国型会议制度，没有一个服务古村落的现代化信息平台，这些都使得古村落的保护与发展困难重重。

尽管如此，也正是因为有了这些困难的广泛存在，古村之友作为一个尽可能调动社会力量的社会组织才有了存在的必要性。古村之友也将在古村保护与活化事业的路上，不断去发现问题，让古村能够世世代代传承下去。我们也坚信：地球在，古村就该在，古村之友就一定在。

关于"古村之友"

古村之友古村落保护与活化志愿者网络（以下简称"古村之友"）是国内关注古村保护与活化最有影响力的社会团体之一，古村之友定位为古村的亲人，推动古村可持续发展。

古村之友在北大深圳校友会、奥雅公益基金会、中国古村落保护与专业委员会、阮仪三遗产保护基金会、中国国家地理、绿盟公益基金会、廖冰兄人文艺术公益基金会、全国高中生社团联盟的联合推动下，在全国30个省、直辖市形成近万人的志愿者团队，并于各省会城市形成志愿者中心，完成从古村保护到活化的多专业队伍，不断在各个地区开展古村保护与活化工作，培养乡村创客持续为古村造血。

1. 2.
　3.
　4.

1. 广水市桃源村乡村风貌之一
2. 广水市桃源村乡村风貌之二
3. 广水市桃源村乡村风貌之三
4. 广水市桃源村乡村风貌之四

醉美桃源 | 首届中国古村大会
湖北新闻发布会在广水市桃源村圆满落幕

文字 /《设计质》编辑部　图片 / 广水摄影协会

　　由北京大学旅游研究与规划中心主任吴必虎、清华大学建筑学院副教授罗德胤、著名画家孙君、乌镇旅游总裁陈向宏、古村之友创始人汤敏等国内知名专家学者发起，北京大学旅游研究规划中心、清华大学建筑学院、古村之友全国古村落志愿者网络、盘古智库、北京清华同衡规划设计院等单位联合乌镇旅游股份有限公司共同主办的"首届中国古村大会（以下简称'古村会'）"定

于 2015 年 11 月 19 日至 21 日在浙江乌镇举行。

　　"古村之友"全国古村落志愿者网络，简称"古村之友"，正式创立于 2014 年 11 月，是全国最大的古村落志愿者网络，是一个以保护古村文化与活化古村经济为使命的非营利公益型社会组织。由全国三十个省、近一百个县市共计数万的古村落保护与活化

志愿者构成。"古村之友"定位为古村的亲人，意在提供古村无微不至的关怀，解决古村各个方面的困难。通过古村创客、古村卫士、古村游侠、古村村粉等人群细分，从古村保护、古村传播、古村产业活化、古村文化传承等方面推动古村可持续发展。古村之友旨在集合社会多角度、多专业的力量成为专业且独立的第三方组织，使每一个古村都有团队关注她的持续成长。

桃园村房屋　　　　　　　　　　　　　　　　　房屋改造前

首届中国古村大会湖北新闻发布会与会人员集体合影

　　继首届中国古村大会全国性新闻发布会在北京圆满落幕后，为了让地区古村落志愿者更深一步地了解此次大会，促其争鸣，华中科技大学出版社作为"湖北古村之友"的牵头、发起单位，联合广水市桃源村委会共同主办的"首届中国古村大会湖北新闻发布会"于 2015 年 10 月 28 日在湖北省广水市桃源村圆满落幕。

　　桃源村位于湖北省广水市武胜关镇北部，鄂豫两省的交界处。中原的风，楚天的云，熏染得这里山明水秀，鸟语花香；群山环绕，民风淳朴，又让它得以保留着最古朴的鄂北山村风貌。

　　桃源村风景优美，有着田园牧歌般的山村景色，犹以百年石屋、千亩有机茶园、万颗柿子树而闻名。特别是它保存完好的百年石屋，更是独具特色。这些黄泥抹墙、青瓦覆顶的石屋，或者三五并立，或者连接成片，错落有致地散布在桃源村的青山绿水之间，展现出一副人与自然相亲相近的和谐画面。

　　湖北古村保护平台正在搭建中，现诚邀愿意致力于古村保护与活化的有识之士与合作伙伴积极参与！

广水市桃源村大戏台

从驴友到工友
——桃源村工作体会

文字 / 易小辉   图片 / 广水摄影协会

与桃源相识早在 2008 年，一群驴友相约到桃源摘柿子、举办篝火晚会。远山峰峦叠嶂，小溪穿村而过，满山遍野的柿子树在沟壑梯田间蔓延开来，棕黄、深红、墨绿，将深秋妆点得绚丽多彩。但数百座残破而静穆的石屋，却似在诉说着无尽荒凉而苍茫的心事。那个秋夜，一片欢腾喧闹中，我在默想，这么美丽、古朴、一派天然风致的村落，什么时候才能展现在世人面前，而不是"养在深闺人未识"！

2012 年 10 月，桃源村成为湖北省发展战略规划办公室首个批准的"绿色幸福村"创建试点，我也有幸从最初的一名"驴友"，转变为桃源建设大军的"工友"。一年多来，风雨阳光、苦辣酸甜与桃源的成长相伴，不知不觉间，这个禀赋脱俗的山村，如同逢门闭户的小家碧玉，稍加梳妆打扮，便出落得明艳动人，楚楚有致。

建设发展目标定位明晰

在项目开始初期，听到最多的质疑是：投入巨大的人力物力财力，到底有无推广复制的价值？为此，我们一边努力建设，一边寻求着答案。

党的十八大报告再次论及"生态文明"，并将其提升到更高的战略层面，体现出尊重自然、顺应自然、保护自然的理念。风光俊秀的桃源村在武胜关下，地处鄂豫两省交界，是古往今来沟通东西的交通驿道。在历史的发展变革中，村里的百年石屋、千年柿树奇迹般地保留到今天，引来无数摄友、驴友探访。对于这样一个有着深厚历史渊源和旅游元素的村庄，如何利用好资源，探寻新的发展模式，使之成为农民回归、创业、致富的宝地，使之成为农耕文化保护传承的缩影，让人们在其中既能感受田园美景，又能享受现代化的物质文明生活，真正达到中央农村工作会议提出的"望得见山，看得见水，记得住乡愁"的目标，才是启动桃源建设的真正意义所在。

　　可以确定的是，在城乡统筹发展的进程中，农村既充满活力，也面临许多先天不足的矛盾。如基础设施缺失、环境保护缺失、乡土文化传承无力、农民素质教育缺乏、农业产业化发展不足，等等。我国农村经过数千年演进，有着深厚的历史文化背景和坚实的自然基础，片面地追求与城镇化相同的效果，片面地大拆大建、成排成线，把农村建设成城镇的"浓缩版"，无益于解决农村的根本问题。历史的步伐迈入 21 世纪，建设新时期的社会主义新农村，应该是因地制宜，应该是入乡随俗，应该尊重农村的原始风貌和乡土文化氛围，而决不能搞"一刀切"或某种固定模式。我想，这一点，大概才是农村生态文明建设的最终目的。

　　而要达成上述目标，省战规办提出了"风貌自然、功能现代、产业绿色、文明质朴"的愿景和理念，以个人管窥所见，舍此之外，似乎别无他途。

策划顶层设计少走弯路

　　我们有幸聘请到"北京绿十字生态文化传播中心"作为桃源建设的"设计师"。接手桃源之前，该中心扎根乡村已有十多年，有着丰富的农村建设经验。专家们经验丰富，对项目的各个层次进行了通盘考虑和把关，以兼顾生态、生产、生活"三维"要素的全新方式，给桃源村建设提供了有力指导。建设序幕尚未拉开，专家团队就跑到广水市博物馆调研历史文化，深挖地方建筑特色，寻找设计灵感，提炼特有的历史文化元素，其专业素养令人十分钦佩。譬如，在桃源的古民居改造方面，在布局、色彩和材质上，均融入了"鄂北豫南"的建筑风格。在门楼、大坝、柿树语林、文化墙等景观点改造方面，也因地制宜，做足了有关"石头"的特色文章。

　　乡村建设是一项系统工程，需社会各界共同努力，"授人以鱼，不如授人以渔"，

根本还是在农民主观能动性的发挥，因为农民才是"美丽乡村"的建设者、选择者和受益者。在村庄建设过程中，要充分尊重农民意愿，动员组织最广泛的农民群体参与，从点滴做起，只有这样，将来专家组离开、政府扶助机制退出后，乡村才仍能保持自主发展的生命力。桃源村在乡建中始终坚持"硬软件一起抓"：硬件是以古民居修复、景观建设、村庄水电路等完善基础设施为主；软件则是修复生态环境、村庄环境整治、推广有机农业、建立农民产业互助体，培育乡村经济共同体，提高农民生产经营的组织化程度，让农民在乡建中增强市场竞争力，生活幸福指数不断提升。

执行设计不打折扣

桃源村的概念规划包含着三个层次：抽象的构思转换为艺术设计，艺术设计到工程图纸的转换，工程图纸到项目建设的落地。这就意味着在这三个层次里，必须克服各种障碍层层递进，将思路统一到执行上来。这是一个艰难的磨合期，是先进理念同落后观念的较量，艺术家、建设专班、工头匠人、村民之间也曾发生过多场激烈的"论战"：墙被推倒、工程停工、农民不理解骂娘、专班疲惫不堪等等状况都发生过，但是项目仍然一天天向前稳步推进。新生命的诞生，势必要经历痛苦挣扎。经过多次沟通交流、碰撞磨合之后，大家也找到了灵活变通的工作

途径，不生搬硬套，不本位主义，逐渐改正了在项目执行过程中随意降低工作标准更改专家设计的行为。在建设过程中，注重与各级政策、项目对接。

坚持目标到底不言放弃

建设桃源的目的，不仅仅是改造几个古民居，也不仅仅是建设几个人工景点了事，而是在新时期下，涵盖农村生活、生产、管理体系的确立和完善，归根结底，还是以人的提升为根本目的。目标既经确立，就要有矢志不渝的精神，哪怕困难压力重重。或许正因为有障碍曲折、有落后保守、有非议打击，才反衬出桃源"绿色幸福村"项目的真正意义。因为历史要向前发展，落后和愚昧终将迈向文明。

在平时工作中也了解到：农民对乡村建设发展都报以期待，绝大多数人表示理解

支持，其中也不乏观望者，认为乡村建设是国家（上级）出钱，镇村干部的事情，自己不闻不问，坐享其成就可以。因为利益主体的不同，常常有干扰建设的现象发生，这些情况也说明农村自身局限性、体制机制不顺等等问题。根本原因还是农民主体作用发挥得不够充分，只有将外部力量转化为农民内生的源动力，各项工作才能顺利实施。

"三年不飞，一飞冲天；三年不鸣，一鸣惊人！"欲图非常之事，收非常之功，需要一个充分孕育、蜕变、成长的过程。这个过程，也许三年五年，也许十年八年，需要为政者以石头般的意志去坚持。只能以"咬定青山不放松"的精神，坚持不懈地加以推进。作为建设桃源的"工友"，我坚信，总有一天，大别、桐柏两座大山之间，终将飞出一只"金凤凰"！

陈设

奥雅景观
六合·雅园
国开东方·西山湖 DISPLAY

奥雅景观：
红叶题诗 淡扫蛾眉
——软装照亮景观

文字 图片 / **奥雅设计集团**

About 景观软装

景观软装是在景观设计的基础上，对空间氛围的营造。景观软装是一场对空间体验的探索。

景观软装有两个主要的设计目标：营造体验式的场景、展现高品质精致的设计细节。在具体的设计过程中，生态、氛围、风格、艺术和细节都是设计团队考量的重要因素。

景观软装归根结底是为营销服务的。"故事性"是景观软装的灵魂，"故事线"推动着观者的脚步，思绪的起伏，情感的跌宕，因为有故事，所以有记忆、有体验。

景观软装的业务类型一般包括：精品庭院、商业包装、绿色花园和公共艺术四个大的类别。每个大类下有若干小类。精品庭院包括样板庭院、酒店度假村、私家庭院和屋顶花园；商业包装包括商业外摆、商业美陈、主题雕塑和互动体验；绿色花园包括立体绿化、室内花园和植物装置艺术；公共艺术按应用范围包括住宅、酒店、公园广场和企业园区。

景观软装的设计师与建筑、室内、景观方面的专业人才是一脉相承，同样需要具备对空间的感知能力，掌握诸多设计技能和具备优秀的审美品位。除此之外，景观软装还强调对于时尚、文化生活以及相关行业与市场有足够的了解。景观软装设计师需要对时尚产业有敏锐的嗅觉，了解产业动向和流行文化；景观软装设计师需要在场景中重新植入一种体验，这要求他对这种体验需要有比常人更深入的了解，对体验背后的文化渊源、社会学背景都要做深入的研究与发掘。当然，为了形成一个完美的作品，设计师也需要了解包括家装市场在内的相关行业市场，形成体系化的供应商资源。

奥雅在做景观设计项目时，软装部门与其他相关部门是如何配合工作，以达到最完美的效果的？

景观软装一般采用供应商体系服务，所谓供应商体系就是签订合同之后，由软装设计团队整体对可能使用陈设做综合性的规划，采用成品订购、定制、艺术家合作或绿化配置的方式综合完成。

一般来讲，景观软装的设计项目包括三个设计阶段。第一个设计阶段是概念方案阶段，在这个阶段，设计师会就风格、色彩、款式和摆放方式形成一个初步的方案；在第二个深化的阶段，通过现场测量核实尺寸和细节，会对原有的方案有一个结合系统和经济上的调整；第三个阶段设计师会亲身参与到采购和摆场的过程中。为了保证景观软装的设计效果，景观软装都是采用的设计与施工一体化的服务模式。

谈到软装部门与其他部门如何配合工作，其中一个重要的因素就是介入时间的最佳时机。我们认为软装方案在景观方案（即景观进行到方案阶段）确定后，即可介入，较早的介入有利于方案准确度。软装方案经沟通确定后，还需要到现场进一步放线测量和深化设计，这一步是确保大件家具体量比例无误的最有力保证。但为了保证完工的效果，景观软装进场施工前，需要景观硬软景全部到位后，地面进行必要的冲洗，整理，避免对物品造成污染或二次返工，保证完工效果。

六合·雅园

项目名称：六合·雅园
项目地址：山东泰安润英美庐 48 号院
软装设计：奥雅设计·北京软装团队
设计 / 实施时间：2015 年 6 月

六合相生·交替相合

——从景观软装设计看泰安润英美庐 48 号院

泰山自古是福地，"天下之安，犹泰山而四维之"，被誉为"配天作镇"，因此有"泰山安则天下安"之说。从堪舆角度来看，泰山龙脉，祖起昆仑，自西至东出秦岭，经中

原伏牛山转东北而入齐鲁，横亘绵延数千里拔地而起，"出乎震"而"配乎乾"，左襟沧海，右带昆仑，万物交泰，形胜甲于天下。

泰安润英美庐就处在这样的一种环境中。2015 年春天，当我们在泰安西部的这一片旅游开发区第一次看到这片场地的时候，一股冲动在整个设计团队的内心中涌动。这种毫无来由的设计冲动可能源自场地天生的与华夏历史的联系，也可能源自于经历 20 世纪历史风云洗礼之后的新生代对于历史的疏离感。

在如今这个快速消费的时代，我们可以轻易地消费一次风雅，但能够真正地拥有一次全身心沉浸其中的恍若古人的体验，却

是难上加难。而在这里，我们其实感受到了这种可能。

几乎是在同时，我们想到了"六合"这个词。在古代的历法中，强调一种时序的关联相生。六合，指的是四季更迭，交替相合。《淮南子·时则训》中说道："孟春与孟秋为合，仲春与仲秋为合，季春与季秋为合，孟夏与孟冬为合，仲夏与仲冬为合，季夏与季冬为合。"

但奇妙的是六合又可以表达方位，上下及东西南北，天地四方，万境归一。《过秦论》中说道"乃至始皇，吞二周而亡诸侯，履至尊而制六合。" 普天之下，莫非王土。六合也表达了天干地支之间的相合关系，这

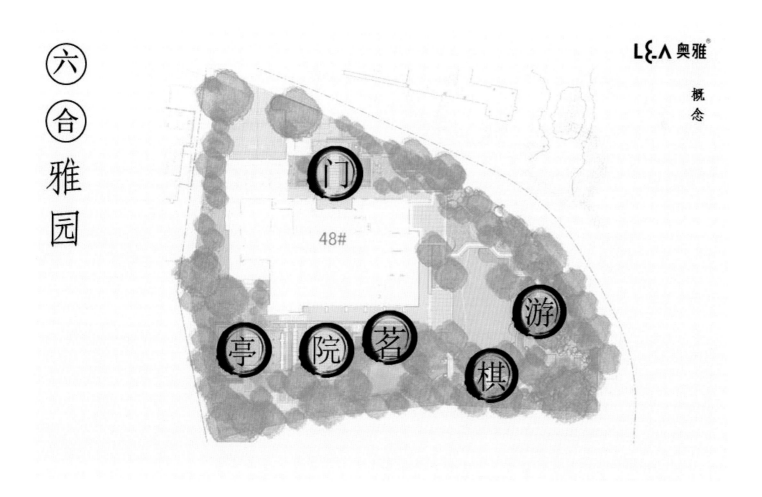

种奇妙的源自中国传统玄学的智慧,使我们深深敬佩。大道至德, 和谐相生的哲学, "六合"与太极哲学一脉相承。

在观察泰安润英美庐 48 号院的四周之后,我们以"门、亭、茗、院、棋、游"这六个元素抽象化了在其中的体验,正如我们在之前提到的一样,我们希望在不同的位置和元素中表达不同的倾向,我们希望这六个不同的元素能产生奇妙的相生关系,形成这一美妙的中式体验。"六合·雅园"自然而然地成为了我们的核心概念。

门厅

门厅是建筑室内空间中的交通枢纽。从中西方古典建筑中带有门厅作用的室内空间, 到当代建筑中纯粹意义的门厅, 门厅对于任何类型的建筑空间, 虽然功能各有不同, 其主要作用不外乎疏散与休息。

在这举手投足的迎宾送客之间, 发生的是当代中国语境中最为传统的礼仪形式。我们在出门拐角摆放陶罐、条案, 条案上摆放花瓶, 寓意是"苍松翠竹真佳客, 近水远山皆有情"。

观亭

这座以"观荷亭"命名的户外场所, 整体选择深灰、米白、湖蓝、中国红为主基调。亭中以茶宴、洽谈为主要活动主题, 摆放沙发, 中心茶几配放茶盘、茶具。整体以素雅灰白为主基调, 通过鼓凳及布艺提亮整体色彩, 力求实现一种"此夜西亭月正圆, 疏帘相伴宿风烟"的意境。

品茗

今夜良宴会, 品物感知春。茗茶一事在我们国家的传统中有着举足轻重的地位, 中国人饮茶, 注重一个"品"字。"品茶"不但是鉴别茶的优劣, 也带有神思遐想和领略饮茶情趣之意。在百忙之中泡上一壶浓茶, 择雅静之处, 或自斟自饮, 或谈笑相欢。品茶由建筑物、园林、摆设、茶具等元素组成。

这种要求安静、清新、舒适、干净的氛围塑造了中国园林。我们的软装设计正是强化了这一特点, 我们以简洁的明式家具作为主体, 配合深褐色的茶壶以及富有特色的茶具, 展现的是中国博大精深的茶艺文化。用一只兰花强调出茶艺的精神, 也点亮整个环境。

花院

树荫下摆放摇椅与茶几，闲暇之余，观赏着对面的水景
与干花丛，品茗、赏景，惬意悠然。愁春未醒，还是清和天气。
对浓绿阴中庭院，燕语莺啼。

棋弈

　　"弈之优劣，有定也，一着之失，人皆见之，虽护前者不能讳也。理之所在，各是其所是，各非其所非。"方寸之间，蕴含着丰富的人生哲学。在处理这一节点的时候，我们也力图贯彻棋奕之精神，整个软装的设计不着痕迹，简洁凝练。

游赏

海气百重楼，崖松千丈盖。 兹焉可游赏，何必裹城外。在靠近住所的周边我们安排了更多的静态节点，一条曲折的步道把宾客引导至住所的远处。我们以一把红色的阳伞为场地中央提供了视线的焦点。如同中式传统的油纸伞一般的伞骨，迥然于常见的阳伞布置，为整个建筑物里面带来耳目一新的中式风情。

以"门、亭、茗、院、棋、游"这六个元素的设计手法分解了游赏者的体验。但"六合"意义并不止于此，将六种体验综合有机地结合在一起，用景观软装的设计手法为整个空间提供文化、哲学意义上的点睛之笔正是景观软装作为一种着眼于细节的设计领域的独特之处。在这个案例中，景观软装的设计手法与理念为整个项目提供中式景观的核心特色，提升了整个区域的空间品质。

白马西山 静待君归
——软装，生活中的梦幻空间

项目名称：国开东方·西山湖项目售楼处、展示区、样
板庭院景观软装设计及配饰
开发商：北京青龙湖腾实房地产开发有限公司
软装设计：奥雅设计·北京软装团队
设计 / 实施时间：2015 年 7 月至 8 月

　　距离北京 20 多公里，青龙湖公园映入眼帘。毗邻而
建的便是西山湖示范区，背靠西山，青黛绵延、波光潋滟。

　　初到场地时，设计团队感叹于基地环境的清幽瑰丽，
远离尘嚣的青龙湖更引人望峰息心之情。进入场地内部，
丰富的空间序列感扑面而来。入口处"江山图画"的镜
面水景，气势磅礴、引人入胜，转角带有中式元素的景
亭灵巧动人，与开阔舒适的大草坪相得益彰，深入样板
区盎然的枫林大道，尽显归家的路途与温度。

　　青龙湖的瑰丽风光不禁让人感叹，在如今社会备受
身心压力的人群，在这方净土将欣赏到宜人的风光、沉
浸于轻松浪漫的氛围、体会悠闲自在的时光。

　　面对这样的项目，我们思考的是如何将这种空间转
换的序列感持续加强，将周边环境的旷远意境延伸到场
地内，使别墅庭院空间细腻化，增加庭院的生机感。针
对特异性的空间构成，我们通过差异性的软装手法，区
分并强化户型风格，营造层次分明的客户体验。

公共空间

　　景亭外的空间，基于景观本身的对称结构，通过对
其根部与立面的丰富和柔化，营造出入口花园内极具尊
贵仪式感，又不失浪漫自然的整体氛围。景亭的室内空间，
选择搭配层次丰富的花钵种植箱，柔化景观亭内的建筑
线条，同时通过植物，增强室内室外的连贯性，突显整
体空间的自然浪漫氛围。

考虑到景观亭内的空间形态，采取较为紧凑的空间布局。根据灯具选择的类型，家具以布艺沙发组合搭配部分深棕色金属构件。整体给人以极有尊贵感，又不失轻松愉悦的等待休息空间的的印象。

选择自然的方法通过各个体验空间，同时在草坪与硬质广场相接的两个角落，布置部分成组的较高的花钵，丰富竖向上的变化。

草坪空间结合午后的自然之旅主题，点缀活泼的兔铜雕，给人以浪漫奇幻之感。

草坪与景亭相对的位置选择两匹青铜材质的白马，白色与绿色相映，显得纯净而有童话意味。纯洁的白马、万里无云的蓝天、绵延的远山、青碧的草木，勾画出一副绝美的风景。

儿童活动区域，我们并没有采用传统的器械思路，而是放置了一组景石和柔软的抱枕。整个草坪和白马作为儿童活动的场地和背景，使孩子们能够无拘无束奔跑、嬉闹。

考虑到后花园整体的浪漫氛围，将景观亭营造成为浪漫的半室外餐饮空间。家具选用布艺结合金属质地的五金，空间内装点以开花植物为主，营造热情浪漫的庄园氛围。

庭院风格

　　西山湖别墅三个样板园的景观软装设计中，我们给每个院子赋予个性化名片。首先我们对室内软装的色彩搭配做出分析，明确每个院子的主题，分别为：绿色清新，纯白浪漫和阳光度假。通过家具样式，饰品色彩质感的搭配使得三个空间形成各自鲜明的用户体验。

绿色清新

　　庭院空间面积最大，适合业主宴请宾客，室内装修色彩以清新为主，整体风格现代简约。庭院里我们选择白色和绿色作为主基调，与室内用色统一。同时在节点处设置藤椅、秋千等构筑，增加局域舒适性，构筑小空间体验。幽静深处的沉思，静谧的空气和温度，是不是也想在这喧闹的凡尘拥有属于自己的一份宁静。

白色浪漫

欧式浪漫为主题，室内软装以粉嫩浪漫的装饰为特点，打造午后惬意休闲的浪漫花园空间。精巧的喷泉，点缀的盆景，铸铁的桌椅，酌一杯红酒，私享阳光庭院。

阳光度假

休闲度假为主题的庭院，不同于之前的庭院设计，阳光度假的风格更具活力与激情。为切合休闲主题，装饰物多用竹编，给人营造轻松的氛围。橙色作为软装主色调，鲜花点缀其间，将外部的景观与内部庭院联合，与蓝天碧草相呼应，在跳脱的同时尽显活力与舒适。

整个西山湖示范区景观软装的设计，延续建筑和景观设计风格，强化用户体验和空间联接程度。在保证整体和谐的同时，根据不同的区域特征，凸显庭院品味，营造不同风格的庭院体验。

天下江山，无如甘露，多景楼前。有谪仙公子，依山傍水，结茅筑圃，花竹森然。四季风光，一生乐事，真个壶中别有天。亭台巧，一琴一鹤，泥絮心田。不须块坐参禅，也不要区区学挂冠。但对境无心，山林钟鼎，流行坎止，闹里偷闲。

依西山之俊，盼邻水之敏，白马碧草，俯仰天地之间。

艺术

听画——标准对抗

文字、图片 / **刘畅 金承仁**   整理 / **《设计质》编辑部**

于伯公伏特加项目是关于当代艺术展览的有效尝试，艺术家们在相对开放的空间做现场作品，注重观众的参与感与体验，很符合我们的作品性质，在展览现场我们的作品也受到了一定的关注。

关于标准和价值以及沟通的探讨一直是我们作品的关注点，对于绘画和艺术的本质思考更是如此。我们通过机械的命令来控制绘画者绘画出相对自由的艺术作品，而选择的抽象绘画是通过最具体的语言机械地描述出来，是从抽象到具体再到抽象的过程，而每个参与者都会画出不同的画面，对于参与者的访问作为作品展示的一部分，从而引发出更多的关于作品的思考。

听话！听我们的话，来画一幅画。

这次现场实施的行为，需要公众参与，在舞台上听耳机里的指令来完成一幅绘画作品。我们在舞台上准备了画布、笔和颜料，请按照耳机里的指令自选画笔进行绘画。

《听画》行为作品现场实施实例。

地点：北京市博观艺术中心 "在运动中前进" 作品文献展

策展人：于伯公

艺术家提供的指令内容（部分）：

您好！欢迎您参加这次绘画体验，请先听指令，并在心里形成距离和位置概念，可以先按照指令对距离和坐标点做出标记。在指令中说到 "开始画" 时，再进行绘画。请将画框竖放，调整自己的坐姿。

现在即将开始，请准备。

开始，起笔，在画面的左上方，距离上边框4公分，左边框14公分处落笔为起点，向左下方画直线，距离左边框7公分，距离上边框27公分处停笔。开始画。（以下省略）

行为作品的意义及问题探讨：

1) 听机械的指令进行相对自由绘画所产生的关系和问题的讨论；

2) 对绘画以及艺术的认知和判断；

3) 从抽象绘画到具体的语言描述再到抽象绘画语言的形成之间的联系与问题探讨；

4) 艺术教育的形式与判断的探讨；

5) 语言描述的局限性问题的探讨；

6) 抽象绘画语言的形成问题；

7) 实施过程的仪式感与舞台表演对于艺术的关系；

8) 不同职业与性格的人群对于指令的接收与抗拒问题的探讨。

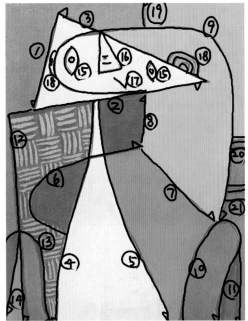

指令描述的原图 "坐着的女子"

策展艺术家简介

刘畅，内蒙古人，武汉 K11 驻地艺术家，中南财经政法大学教师。毕业于中央美术学院，师从王水泊先生（奥斯卡提名导演，美国古根海姆奖获得者）。06 年开始实验影像、纪录片、独立短片创作，作品涉及影像、绘画、装置、行为艺术。

作品更多是对人本体的思考、内心与环境的冲突表现，从这一点出发，试图用综合的艺术方式来表达多层面的思考。影像作品大都进行诗意化处理，隐喻人的孤独性与群体、环境的关系。

作品参加：

EX!T4 第四届台湾国际实验媒体艺术展 在左边的亚洲

加拿大蒙特利尔国际新电影节 短片提名

第九届中国独立影像年度展（CIFF）实验电影单元

第三届国际艺术电影高峰论坛 (EXIN)

首届大学生艺术博览会

HKEX 香港亚洲实验录影节

2014 年第 10 届韩国釜山国际影视与动画创意展

金承仁，韩国当代艺术家、动画导演，武汉 K11 驻地艺术家，武汉中南财经政法大学外聘专家。多年从事动画创作与教学工作。作品涉及动画、影像、插画、当代水墨领域，一直关注人的思考、观念与态度而进行创作。作品多次在韩国及国际性动画节获奖与展览。目前作品多倾向于信仰和意识形态的探讨，富趣味性。现生活工作于中国武汉。

行为表演艺术作品《听画》

2015 年 7 月 3 日 ~11 日参加北京《在运动中前进》作品文献展

2010 年《武汉首届中韩日大学生数字艺术双年展：简称 IEF2010-WE3 Biennale》总策划与设计总监工作

水墨动画《回到自然》两部动画片

－在 2005 年 3 月 25 日到 9 月 25 日日本爱知世界博览会韩国馆展示上映并荣获优秀奖

2D 动画中篇《爱是蛋白质（Love is Protein）》

－该作品被 KOCCA（韩国文化振兴院）选定为支援制作项目

－该作品在韩国 INDIE SPACE、想象空间等 5 家影院上映

2D 动画《邀请》

－2003 年韩国加纳艺术展览中心上映一个月

－2003 年法国第 8 届亚洲电影文化节上映

－2002 年新加坡国际电影节数码竞争部门

－2001 年获得第 3 届 PISAF（富川国际学生动画节）Toon Boom Prize 奖

－2001 年第 9 届巴西国际动画节竞争部门（ANIMAUNDI）

－2000 年韩国电影振兴委员会短片动画制作支援项目作品

跨界尝试的启示

文字 / 武汉理工大学艺术与设计学院教授 张黔

一直以来，我总以为"行为艺术"有两个基本点：一是强调创作过程，而不是创作的静态结果，因此，它更像表演；二是创作有非常严肃的主题，严肃得甚至让人难受，作品往往具有鲜明的批判性。但是看了《听画》行为作品以后，才知道行为艺术还有其他表现形态。

这是传统的艺术观念与现代行为艺术的一次跨界尝试。

从整体上看，作品具有不少正面的价值：

一是揭示出当代绘画创作的游戏性。创作者在接到二十来个指令的过程中，自发地完成一个作品，这一过程极富游戏性。这种游戏性也使得这次尝试远离了流行的行为艺术的灰色甚至黑色，而带有更多的亮色，这是值得提倡的。

二是作者试图为当代艺术教育揭示出一些规律。从艺术教育的探索来看，如何让年轻的受众保持对传统的造型艺术的兴趣，是造型艺术教育应该思考的问题。在此次行为艺术的中，半开放半封闭的模式不仅让成熟的创作者可以自信地完成一件作品，也可让艺术爱好者或者门外汉自得其乐地完成一件作品，而且当两类作品并置在一起时，还很难说年轻人的作品就不如成熟的画家的作品。这也从另一个方面讽刺了以技法为中心、封闭式的传统艺术教育模式。

三是此次行为艺术集中体现了身处后现代的我们，其实人人都是艺术家。此次行为艺术，其主导倾向是形成抽象风格的作品，但也设置了具象性指令：画两个竖立的眼睛。这个指令几乎人人都可操作。竖立的眼睛，让作品有了"点睛"之笔，使本来无多少意义的涂鸦变得可能具有意义指向。当这些作品悬挂在展厅中，自然会有欣赏者从中发现其中的意义，有的意义甚至完全是欣赏者的主观臆造，但艺术作品也因此得以实现。当代艺术的开放性，让传统艺术的很多门槛逐渐消失，不仅严肃的创作可以产生严肃的主题，甚至游戏性的创作也可以产生严肃的主题；不仅自觉的主题性创作可以形成清晰的主题，甚至无主题的创作最终在欣赏者那里也会形成清晰的主题暗示。更重要的是艺术家与非艺术家的门槛正在逐渐消失：虽然职业艺术家经常可以在技术上展现其才艺，但在创意上门外汉却未必逊色，技术固然可以导致艺术上的精致与完美，却可能让艺术本身失去鲜活的生机，这也正是此次行为艺术给我的一个深刻印象。

总体上看，职业敏感让我更愿意将此次行为艺术看作一次艺术的心理学试验，在传统造型艺术与行为艺术之间，设计师有足够多的跨界自觉，而艺术爱好者有足够的自由发挥性，就我个人而言，我已经从方案到作品的展示中获得了足够多的启示，不知读者是否也有类似的感受？

1 | 5 6 7
2 | 8 9 10
3 |
4 |

1. "听画"中作画的何贤
2. "听画"中作画的小朋友
3. "听画"中作画的清水惠美
4. "听画"中作画的张宇鹏
5. 何贤作品
6. 刘鹏作品
7. 张宇鹏作品
8. 清水惠美作品
9. 蒋文勇作品
10. 参展女艺术家作品

破晓——
中欧当代青年艺术家联展

文字 /《设计质》编辑部　图片 / 多向度文化

年轻人之间需要交流，这是让未来的世界更好的重要途径。而当代艺术是不同国度的人们最直接的交流方式。它们可以轻易地越过语言和地域的屏障，变成一种全球性的语言，从而能够将不同的人们聚集到一起自由而愉快地对话。正是因为如此，"破晓——中欧当代青年艺术家联展"应运而生。

"破晓——中欧当代青年艺术家联展"将中、欧青年艺术家的作品集于一体，在 2015 年 4 月至 7 月间分别于武汉越秀·星汇君泊、湖北美术馆两地，展出了来自湖北美术学院、比利时圣卢卡斯大学、英国诺丁汉特伦特大学、荷兰威廉·德·库宁艺术学院这四所具有悠久历史的高等艺术学府的 44 位青年艺术家的近 60 件优秀当代艺术作品。

作品内容展现了从东方到西方，从硬件到软件，从有形到无形，从理论到实践等的方方面面，同时也呈现了中欧新生代艺术家们的创作现状。他们充分利用绘画、影像、装置等艺术形式展示了他们在各自不同的文化背景下，对外在约束和禁锢的抗争与融合，对自我艺术追求的重新审视和定义，以及对生活及生命的思考和关注。

"破晓"展既是一次来自不同国度的青年艺术家在艺术观念上的激烈碰撞，又是一次为中欧当代艺术寻求创意激荡与交流合作的有趣体验，还是一次中欧青年艺术家多方位、多层次地探索新观念、新技法、新材料的可行性实验。

策展人：Kurt Van Belleghem（比利时）

当代艺术与设计专业策展人，出版人。比利时根特大学心理科学硕士学位和艺术史硕士，英国伦敦皇家学院视觉艺术管理硕士学位。他主攻时下艺术及设计的理论与实践，专注于从社会关联性的角度创造这两者的结合。

策展人：睢群

当代艺术与设计专业策展人，1992 年毕业于中央美术学院，多年致力于艺术与文化发展的创意产业，2014 年参与策划创意天地国际艺术节"跨域展"，担任陈小丹"盛开"当代陶瓷展策展人。

策划团队：多向度文化

武汉多向度文化发展有限责任公司由旅美艺术家李全武先生在武汉创办成立，本着以文化为核心轴线，辐射涵盖环境设计、艺术设计、平面设计、文创策划等多维领域。多向度由李全武先生亲自主持，集合了一批国内外知名专家、学者、艺术家和资深设计师。

1. 比利时王后与工作人员合影　2. 比利时王后参观湖北美术馆照片　3. 破晓越秀展区现场

比利时——
圣卢卡斯大学
学生代表作品

姓名 Name：Sandra Buyck
作品名称 Title：2 photographic prints （2 幅摄影作品）
制作年份 Year of Production：2014 年
作品种类 / 材料 Medium：照片 / 布料

慢快门下的照片将动感定格下来，仿佛有一种强烈的情感呼之欲出。作者对时尚和设计有着强烈的兴趣，这一点反映在她日常生活和创作中。喜欢跟人打交道，带有一点时尚色彩的人性占据着她摄影作品的中心位置，除此之外她也探讨画面的语境，以及客观和主观的边界。她的独立摄影作品常带有一种模糊与暧昧。没有显而易见的解读，被质疑并剥夺了对特定画面的认知，呈现出复杂多样的关联性和可能性，作者恰恰希望在这种情况下引发观众们的思考。

姓名 Name：Saskia Van der Gucht
作品名称 Title：Neighbour care（邻里的关怀）
制作年份 Year of Production：2012
作品种类 / 材料 Medium：首饰盒 / 纸质，塑料，布料等
Boxes made from paper, fabric, cardboard, plastic, divers objects

Neighbour care（邻里的关怀）是一个装置作品，由二十七个盒子组成，盒子上的图案是作者所住的街道上的房子。其中十八个盒子里装着邻居给他的一件小物，通过登门拜访，拜托邻居们保存这盒子一天，并在里头随意放入一件物品。作品通过设计、语境以及呈现形式来探讨价值以及珍贵程度这些概念。一栋房子的外表，一个神秘的小盒子，将两者结合于同一作品.之中能引起观众更多的好奇。

荷兰威廉·德·库宁
艺术学院学生代表作品

姓名 Name：Iris Veentjer
作品名称 Title：Bodybuilders, a furniture collection as a statement （身体塑造，以一套家具作为声明）
制作年份 Year of Production：2014
作品种类 / 材料 Medium：家具比例模型 furniture, scale models

设想在某一种空间里，一个残障人士不需要为了适应而刻意迫使自己的身体更接近一个身体健全人的状态，反而是这个空间和其中的家具物品被设计成会主动去适应这位残障人士的身体特征和需求。作品正是受到残障人士的启发，引发观众讨论个人与普世价值观、舆论导向，以及人文关怀等之间的关系。"我希望自己的设计能够引起用户，乃至公众对日常用品的使用、美感、认同，以及价值的思索。"这是作者做这一类型的创作最核心的目的。

姓名 Name：Stacii Samidin

作品名称 Title：Societies （社会）

制作年份 Year of Production：2013 至 014

作品种类 / 材料 Medium：照片 Photography

这组照片讲述了一个关于在鹿特丹（荷兰），帕拉马里博（苏里南，位于
南美洲），以及洛杉矶（美国）的黑帮团伙文化的故事。Stacii Samidin
的作品专注于团体身份。他的一系列照片展示了他对于（所谓）典型的，
固有印象中的团体身份的看法和理解。Stacii 没有将父权式统治纳入他对
自己摄影主题的处理中，同时他避免了过多投入主观情感，而尽量固定专
注在这些团体中的原始角色们对自我身份的认知。

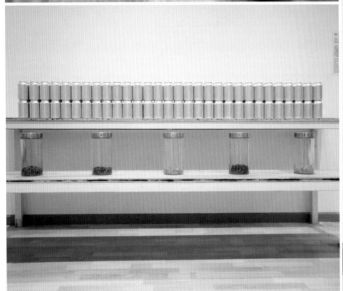

中国——湖北美术学院
学生代表作品

姓名 Name: 沙丽娜 Sha Lina
作品名称 Title: 可口可乐系列
制作年份 Year of Production: 2014 年
作品种类 / 材料 Medium: 可乐、隔板、玻璃罐

作者试图如一台机器一般剔除掉这个连续环节中的一个流程: 用刀片
将可口可乐公司生产的系列饮料的外包装刮掉, 收集在五个玻璃罐中。
这个过程机械单调, 充满噪音, 重复又冷酷, 正如它们散发着的金属
的冷光泽。像一台机器一样再生产了它们, 可口可乐还是可口可乐吗?
作品涉及消费文化、机械化生产, 更让作者关注的是那些曾经代表着
西方消费文化的闪亮易拉罐下面, 那些"刮剩下的东西"。看着这些
曾经的表皮——包含着中文的厂址、产地、配料、条码等等, 我们消
费了什么? 被消费后所剩下的是否只有资本与文化的碎片。

姓名 Name：魏源 Wei Yuan
作品名称 Title：1）NN00001 2）NN00002
作品种类 / 材料 Medium：图片装置 Picture installation
创作年份 Year of Production：2015 年

用手机拍摄一张未完成状态"建筑空间"的场景照片，按照被拍摄场景的实际比例将照片放大印刷出来，然后用金色颜料在印刷品上以绘画方式为照片里面的大砖块进行无意义的数字编号（NN00001），或以电脑制作的毛笔字体等形成一个水墨画般的幻觉空间，再用金色颜料进行绘画（NN00002）。呈现出杂乱无章、自在其中的效果，魏源更注重内在情感的宣泄，用独特的思维，创造颠覆常规的艺术作品，以行为艺术家的表现手法，倾注自我感知，其作品的荒诞不羁给广大观展者留下深刻印象。

阅读

READING

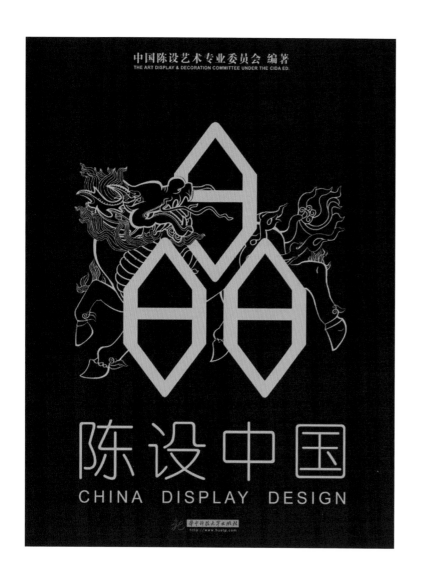

图书推荐：《陈设中国》
作者：中国陈设艺术专业委员会
出版时间：2015 年 8 月 1 日
定价：428 元

内容简介

自古以来，纯粹的艺术就具有涤净精神杂质、净化心灵的特质。今天陈设艺术在室内外空间设计的地位和作用日益突显，特别是在改善、冲淡和柔化工业文明方面，彰显了其重要的影响和魅力。

《陈设中国》收录了晶麒麟奖历届获奖作品以及中国陈设艺术专业委员会专家、委员作品。晶麒麟奖由中国陈设艺术专业委员会设立，立足于中华文化本源，致力于集结世界设计力量来推动与见证中华民族文化自信的回归。该奖项是目前国内权威的陈设艺术奖项，并且正在逐渐地走向国际化。

晶麒麟奖获奖作品在书中分为空间组、产品组两个部分。空间组作品包括公寓、办公室、会所、酒店等多种空间的设计；产品组作品包括茶器、布艺、桌椅、花艺等多种产品的设计。中国陈设艺术专业委员会专家、委员作品则选取了相关专家委员经典而具有时代特征的设计作品。

书中收录的作品风格各异，不仅展现了作品本身精湛的艺术和工艺水平，也展现了其设计师高超的专业能力和良好的艺术、人文素养。

精彩书评

一本让你生活得讲究、精致、喜悦的书。——国际知名设计师、中国陈设艺术专业委员会执行主任 梁建国

宁静中，借由一本书，打开生活艺术之心。——中国高级室内建筑师、中国陈设艺术专业委员会（学术研究）常务副秘书长 智吉（余文涛）

一本美的工具书，您能借此查阅到生活艺术化的成功案例，帮助您用创意设计更好地美化生活空间。——教育部艺术设计教学指导委员会秘书长、中国陈设艺术专业委员会 副主任兼秘书长 马浚诚

图书推荐：《平面设计师必修 9 堂课》
作者：艾德里安・肖纳希
出版时间：2015 年 5 月 19 日
定价：78 元

内容简介

对于想要设计出有意义的作品，同时又不会失去自己的灵魂或者产生经济损失的设计师来说，《平面设计师必修 9 堂课》是一本非常实用且具启发性的设计师指南。

本书作者为艾德里安・肖纳西，是 Intro 公司的共同创办人之一，身为一名设计师兼作家，他的作品众多，包括《平面设计师：用户手册》（Graphic Design: A User's Manual）等。2003 年他离开了 Intro，之后为多个设计工作室担任顾问，并在世界各地举办相关讲座。

作者给我们传授了九堂课必修课第一课：现代设计师需要具备的素质；第二课：专业技能；第三课：如何得到一份工作；第四课：做自由设计师或成立工作室；第五课：经营工作室；第六课：寻找新业务并进行自我提升；第七课：客户；第八课：如今，平面设计意味着什么；第九课：具有创造性的过程。

这是一本对想要开创自己事业的年轻设计师有帮助的书，也应该是所有设计专业的学生应该阅读的书，亦是一本写给能够自由思考的设计师的书。

精彩书评

这本书促使我思考灵魂的本质。

——米尔顿・格拉瑟（Milton Glaser）

本书让读者绕过了与客户交流过程中可能会产生的一些陷阱。肖纳西多年的经验体现在这本言简意赅的书中，这本书非常适合入门级的设计师、经验丰富的专业人士或自学者。——Speak Up

本书从"帮助你成为一个高效、自信的平面设计师"开始，在各种争论之间点缀着轶闻，并为那些没有经验的人，揭开了工作室生活的面纱。对新设计师，或者那些想要改变自己的工作安排的人来说，书中有很多来自一位经验丰富的专业人士的金玉良言。——《Eye》杂志

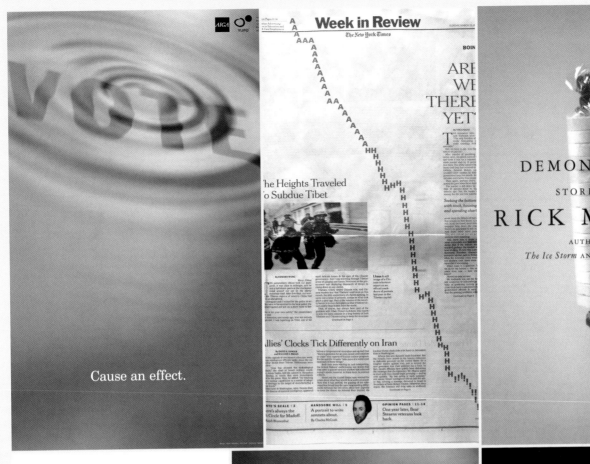

Cause an effect.

Week in Review
The New York Times

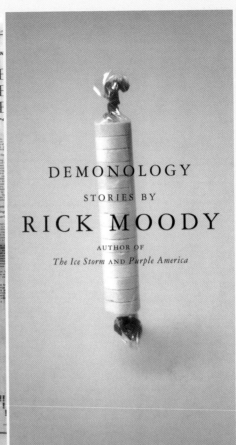

DEMONOLOGY
STORIES BY
RICK MOODY
AUTHOR OF
The Ice Storm AND *Purple America*

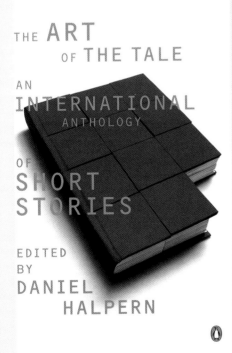

THE ART OF THE TALE
AN INTERNATIONAL ANTHOLOGY
OF SHORT STORIES
EDITED BY DANIEL HALPERN

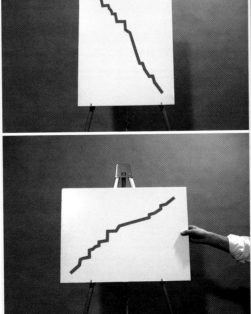

图书推荐: 《设计, 该怎么卖? 》
作者: 珍和肯·维索基·奥格雷迪
出版时间: 2015 年 8 月 1 日
定价: 49.8 元

内容简介

在《设计, 该怎么卖? 》一书中, 作者珍和肯·维索基·奥格雷迪展示了怎样用客户能理解的方式阐释设计的价值, 赢得客户的青睐。该书提供了一套可行的方法, 让设计者不再依赖他人的主观审美及趣味赢得业务。书中方法鼓励设计师更早介入设计项目, 并让客户感到物有所值。

当设计师能理解并阐述自己的工作是如何创造价值时, 设计者才能有效地拓展业务并建立长久有利的客户关系, 那么维护稳定的客户关系就并非难事。《设计, 该怎么卖? 》把那些关于价值的重要的概论分为三个层次:

一、理解你作为职业设计师所创造的价值;

二、确定你的受众, 从而为客户创造更深层次的价值;

三、推广设计的价值。

当设计变成削价竞争时, 如何让客户对你的开价心服口服? 美感是很主观的, 但是透过这本书, 设计者可以学到如何说服客户欣赏你的设计。在《设计, 该怎么卖? 》一书中, 你会学到运用传统设计技能的新方法; 将设计工作对项目的价值贡献加以量化; 清楚的阐明设计的价值, 为自己在项目中赢得平等地位; 让客户为你的实力买单, 防止业务在众包和外包服务的挤压中流失; 通过深入挖掘客户需求创造新的商业价值增长点。

图书推荐：《我曾经是个设计系学生：50位平面设计师的今与昔》
作者：弗兰克·菲利平，比利·基沃索格
出版时间：2015年8月1日
定价：88元

内容简介

《我曾经是个设计系学生：50位平面设计师的今与昔》是一本通过设计师的成长经历表达设计师心声的书籍。该书以一种不同寻常的方式来解读平面设计师对其教育与职业的感受。50位具有影响力的设计师坦诚地讲述了他们的学生时代和职业生涯。

本书作者，弗兰克·菲利平和比利·基沃索格相识于学习平面设计期间。1999年他们从伦敦皇家艺术学院毕业后，创立了Brighten the Corners。现在在伦敦和斯图加特，他们有自己的工作室，弗兰克·菲利平还是达姆施塔特大学平面设计系教授。

设计师经常有一种使命感，所以很难把人和作品区分开。因此投稿人给予作者的回复，不仅是关于他们进行的实践和实践对他们产生的影响，而且也是关于一些附带信息比如他们的体重、喜欢的食物或是他们珍视的财产，来帮助读者了解作品背后是什么样的人。作者决定对比观察这些个人细节，比较不同的人对同样的问题的回答，以形成一个设计团体的总体"肖像"。

《我曾经是个设计系学生：50位平面设计师的今与昔》中并排展示了这些设计师们大学时代的作品和现在的作品。每位设计师还为正在步入设计生涯的人提出了中肯的建议和忠告。

对专业人士来说，这本书提供一个绝佳的机会来看看同业者的学生作品。此外，对于从业设计师来说，这也是个机会——把那些没有被看到过的学生作品（很精彩的或者有点令人困惑的）从资料袋中拿出来，给它们一个应得的公共展现平台。

精彩书评

除了关于视觉灵感和实践之谈的专业化建议，这本书也是平面设计师在"某种意义上的迷你宣言"。

——Fast Company Design

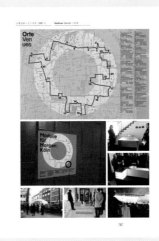

版权 Copyright

出品 Published by
《设计质》编辑部
Nature of Design Editorial Office

顾问 Consultant（此排名无先后顺序）
王受之
朱回瀚
阮海洪
李全武
李砚祖
李哲
杨大明
邹其昌
陈彬
郑曙旸
姜新祺
喻仲文

主编 Editor-in-Chief
赵慧蕊 Liz Zhao
电子邮箱 Email
zhao-hui-rui@163.com

副主编 Associate Editor-in-Chief
王颖超 Allen Wang

责任编辑 Editor in Charge
杨妍旻 Braina Yang

编辑 Editor
常怡 Susie Chang
何梓豪 Jack He

翻译 Translator
刘婷 Ivy Liu

市场部经理 Manager of Marketing Department
周海牧 Nancy Zhou
电子邮箱 Email
zhouhaimu@163.com

策划部经理 Manager of Creative Department
雷文倩 Kitty Lei
电子邮箱 Email
leiwenqian0319@sina.com

美术编辑 Art Editor
鱼和田设计 Yu and Tian Design

编辑部地址 Editorial Department Address
武汉市洪山区珞喻路 1037 号
No.1037,Luoyu Rd.,Hongshan,Wuhan, P.R.China

电话 Tel
+86 27 87542424
传真 Fax
+86 27 87542424

投稿邮箱 Contribution Email
natureofdesign@163.com

图书在版编目（C I P）数据

设计质 /《设计质》编辑部主编 . -- 武汉：华中科技大学出版社，
2015.8
ISBN 978-7-5680-1202-7
Ⅰ . ①设… Ⅱ . ①设… Ⅲ . ①室内装饰设计 Ⅳ . ① TU238
中国版本图书馆 CIP 数据核字 (2015) 第 201656 号

设计质

出版发行：华中科技大学出版社（中国·武汉）
地　址：武汉市洪山区珞喻路 1037 号（430070）
出 版 人：阮海洪

印刷：武汉市金港彩印有限公司
开本：889mm×1194mm 1/16
印张：11
字数：280 千字
版次：2016 年 2 月第 1 版 第 1 次印刷
定价：60.00 元

读者回执单

敬爱的读者：

您好！

感谢您能抽出宝贵的时间填写这份回执卡，并将此页剪下寄回我公司编辑部。

我们会在今后工作中充分考虑您的意见和建议，并将您的信息加入的客户档案中，以便向您提供更加优质的服务。

您将享有以下权益：

☆免费获得我公司的新书资料

☆优先参加我公司组织的读者交流会及相关讲座

☆免费获取赠品

姓名：　　　　　　　　　　　性别：

年龄：　　　　　　　　　　　电话：

职业：　　　　　　　　　　　文化程度：

Email：

通讯地址：

您喜欢的栏目名称：

您在何处购买的此书：

您阅读此书的主要目的是：

□工作需要

□个人爱好

□其他

影响您购买图书的因素：

□书名　　□作者　□出版机构　□印刷、装帧质量　□封面及版式

□网络宣传 □图书定价 □书店宣传　□内容简介　□知名的推荐或书评

□他人介绍 □其他

您可以接受的图书的价格是：

□ 30 元以内　□ 50 元以内　□ 100 元以内　□ 200 元以内

您从何处获知本图书产品信息：

□报纸、杂志 □广播 □网络 □朋友推荐　□其他

您对本图书的满意度：

□非常满意

□基本满意

□一般

□不满意

您对编辑部的宝贵意见：

☆您也可以关注《设计质》公众号输入"读者问卷回执"填写以上调查表。